ANNA & ANDERS JEPPSSON

SCHÖNES AUS HOLZ
FÜR GARTEN UND TERRASSE

Weltbild

Vorwort

Neue Ideen für Möbel und Holzarbeiten zu entwickeln und praktisch umzusetzen, ist mir ein lieb gewordenes Hobby. Meine Ideen zu Aussehen und Funktion der gewünschten Gegenstände zu Papier zu bringen, empfinde ich als eine interessante und kreative Beschäftigung. Meist bin ich es, die den Anstoß zu einem neuen Projekt gibt, das dann unter den geschickten Händen meines Mannes Gestalt annimmt – auch dank seines Talents, meine meist völlig unleserlichen Skizzen und Beschreibungen zu deuten.

Wenn der Frühling kommt, gibt es immer wieder etwas, das wir im Garten oder auf der Terrasse unbedingt noch brauchen. Und mein Mann Anders ist ein ebenso begeisterter wie geschickter Heimwerker. Er liebt es, zu sehen, wie sich ein Haufen Bretter in einen Tisch, eine Bank oder andere schöne und nützliche Dinge verwandelt. Und ich wiederum erfreue mich daran, das neue Stück fertig dastehen zu sehen – und meinem Mann die nächste reizvolle Herausforderung zu präsentieren.

Schöne Dinge für den Garten herzustellen, macht besonders viel Spaß. Sie brauchen nicht ganz so perfekt auszusehen wie die Möbel in der Wohnung, und wenn man sich Material und Werkzeug ins Freie holt, kann man sich damit einen richtig schönen Tag auf der Terrasse machen. Und wenn ich schließlich die Kamera hervorhole, um die fertigen Stücke an einem warmen Augusttag in der Nachmittagssonne richtig in Szene zu setzen, weiß ich, dass ich den schönsten Beruf der Welt habe.

In diesem Buch stellen wir nicht nur Dinge vor, die wir für unseren eigenen Garten gebaut haben, sondern auch solche, mit denen wir unseren Freunden und Bekannten Wünsche erfüllen konnten. Sie können den Anleitungen und Zeichnungen im Buch entweder bis aufs i-Tüpfelchen folgen oder sie als Inspirationsquelle betrachten, um Ihre eigenen Ideen zu verwirklichen. Wie Sie sehen werden, haben wir das meiste aus Kiefernholz gebaut und weiß gestrichen – ganz einfach, weil uns dieser Stil gefällt und gut zu unserem Zuhause passt. Schauen Sie sich die Bilder also ruhig zweimal an und fragen Sie sich selbst: Was gefällt mir ganz persönlich? Welche Farben oder Hölzer passen in meinen Garten? Vielleicht etwas abgewandelte Maße? Lassen Sie Ihren Ideen freien Lauf!

Wir wünschen Ihnen einen langen, warmen, wunderbaren Sommer.

Anna Jeppsson

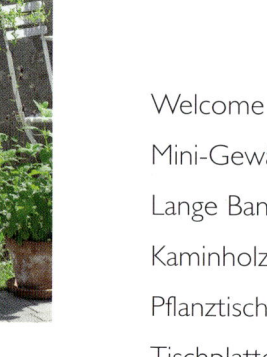

Inhalt

Welcome to the Garden 6

Mini-Gewächshaus 8

Lange Bank 14

Kaminholz-Unterstand 16

Pflanztisch auf altem Nähmaschinengestell 20

Tischplatten auf alten Metallgestellen 24

Sideboard 28

Kleine Bank 32

Vordach 34

Tablett mit Griff 38

Spalier an der Eingangstreppe 42

Pflanztisch für Kinder 44

Minibank 50

Große Holzterrasse 52

Nistkästen 60

Vogelhaus 64

Sonnenliege 66

Patriks Bank 70

Zaun mit Pflanzspalieren 72

Hängender Pflanzkasten 78

Waschgestell 80

Kleines Wandspalier 84

Truhe für Sitzauflagen 86

Bank mit Fahrradständer 90

Tische und Sitzbänke 92

Beistelltisch 100

Gartentore 102

Holzlaternen 106

Cafétisch 110

Stapelbare Obstkisten 112

Pflanztisch oder Gartenküche 114

Welcome to the Garden

Wie ein dreidimensionales Stillleben wirkt das Willkommensschild am Eingang zu unserem Garten. Wir haben eine Schwäche für schöne Dinge und können es nicht lassen, mehr oder minder „unnütze" Sachen von unseren Reisen mitzubringen. Die Uhr und der Gecko aus Portugal haben nun zusammen mit der griechischen Göttin Aphrodite ihren Platz gefunden. Ein sehr persönlicher Willkommensgruß, finden unsere Gäste.

Material

Rauspund, 17 × 95 mm, ca. 3 m:
    5 St. à 600 mm (A)
Zierleiste, 15 × 69 mm, ca. 1 m:
    2 St. à 400 mm (B)
Leiste, gehobelt, 8 × 45 mm, ca. 1,5 m:
    2 St. à 470 mm (C)
    2 St. à 260 mm (G)
Leiste, gehobelt, 15 × 15 mm, ca. 0,6 m:
    2 St. à 120 mm (D)
    2 St. à 65 mm (E)
    2 St. à 70 mm (F)
Holzleim für den Außenbereich
Drahtstifte
Schrauben
Grundierung für den Außenbereich
Lack für den Außenbereich
Bastelfarbe

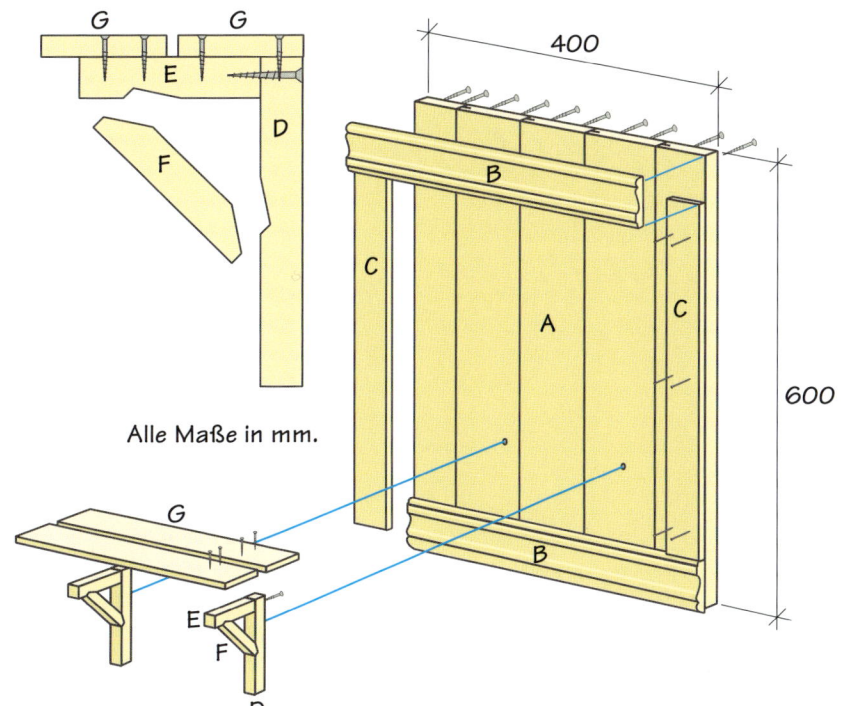

Alle Maße in mm.

Und so wird's gemacht

1. Den Rauspund A nebeneinanderlegen. Eine Breite von 400 mm ausmessen und auf den äußersten Brettern anzeichnen. Diese auf Maß sägen.

2. Die Bretter mit der glatten Seite nach vorn wieder nebeneinanderlegen. Die Leisten B aufleimen und mit Schrauben fixieren. Die beiden Leisten B am oberen und unteren Rand einige Millimeter überstehen lassen. Der Abstand zwischen ihnen sollte 470 mm betragen.

3. Die Leisten C zwischen den Leisten B aufleimen und annageln.

4. Die Konsolen für das kleine Regalbrett sind so dünn, dass das Holz vorgebohrt werden muss, damit es nicht reißt. Die Leisten D und E zusammenleimen und verschrauben. Den Leim aushärten lassen.

5. Die Strebe F über D und E legen und die Aussparungen in D und E anzeichnen. D und E sägen.

6. D und E über F legen und die Sägeschnitte anzeichnen. F sägen.

7. F sollte fest in den Aussparungen von D und E sitzen. Die Strebe F einleimen. Die Konsolen zusammenpressen und den Leim aushärten lassen.

8. Die Regalborde G vorsichtig auf den Konsolen aufleimen und mit Schrauben fixieren.

9. Brettertafel und kleines Regal grundieren und lackieren. Trocknen lassen.

10. Der Text wird mit Bastelfarbe aufgemalt. Fertigen Sie eine Vorlage nach Ihren Wünschen an. Die Konturen mit weichem Bleistift auf der Rückseite des Papiers nachzeichnen. Das Papier auf die Tafel legen und die Linien nachziehen. Das Papier wegnehmen und die Linien auf dem Holz mit Farbe ausfüllen.

11. Das Regal mit zwei Schrauben von der Rückseite der Tafel befestigen.

12. Haken und weitere Verzierungen nach Wunsch anbringen.

13. Die Tafel mit Befestigungslöchern versehen.

Mini-Gewächshaus

Hier haben wir den Traum vom Gewächshaus für den kleinen Garten, den Balkon oder auch für diejenigen verwirklicht, die zwar genug Platz, aber zu wenig Zeit für ihre Blumen haben. Meine Freundin Cecilia hat nur einen kleinen Garten, liebt aber Blumen über alles. Für sie haben wir dieses Gewächshaus gebaut. Der Aufstellort stand von vornherein fest. Es sollte an der rau verputzten Wand zum Hinterhaus des Nachbarn stehen. Die Kontrastwirkung war enorm. Das Gewächshaus ist ein echter Blickfang vor der Wand, und die Familie bekam überdies noch eine gemütliche Sitzecke.

Material

Riegel, 45 × 45 mm, ca. 23 m:
  2 St. à 1735 mm (A)
  2 St. à 1538 mm (B)
  2 St. à 330 mm (C)
  1 St. à 1000 mm (D)
  1 St. à 1000 mm (E) *101*
  1 St. à 910 mm (F)
  1 St. à 910 mm (G) *93*
  2 St. à 465 mm (H)
  4 St. à 1470 mm (J)
  4 St. à 408 mm (K)
  2 St. à 425 mm (L)
  1 St. à 425 mm (M)
  1 St. à 910 mm (N)
  1 St. à 1000 mm (O)
Leiste, gehobelt, 8 × 27 mm:
  1 St. à 1470 mm (U)
Rauspund, 17 × 95 mm, ca. 18 m:
  19 St. à 928 mm (P)
Leiste, gehobelt, 15 × 15 mm, ca. 4 m:
  10 St. à 400 mm (Q)
Außenpaneele, 21 × 120 mm, ca. 11 m:
  10 – 12 St. à 907 mm (R)
Leisten, 8 × 27 mm, ca. 0,8 m:
  2 St. à 350 mm (T)

Glas, 3 mm:
  2 St. à 425 × 450 mm (S1)
  6 St. à 480 × 425 mm (S2)
  2 St. à 525 × 347 mm (S3)
  4 St. à 480 × 347 mm (S4)
  1 St. à 220 × 347 mm (S5), wird in zwei Scheiben geteilt
  Scharniere: 6 St. mit Schrauben
Schieberiegel mit Schrauben
Schrauben, 6 × 110 mm
Drahtstifte
Glaserstifte
Holzleim für den Außenbereich
Fassadenfarbe
Fensterkitt

Und so wird's gemacht

Für dieses Projekt wird eine Fräse benötigt. Da alle Sägeschnitte exakt im richtigen Winkel erfolgen müssen, sollte unbedingt mit einer Kapp- und Gehrungssäge gearbeitet werden.

1. Zuerst werden sämtliche Profile in die Teile A, D, F, B, C, H, J, K, L, M und O gefräst. Dann die Profile in G und O sowie N sägen. Das geht am einfachsten mit einer Tischkreissäge, ist aber auch mit einer einfachen Kreissäge möglich.

2. Die profilierten Riegel im weiteren Verlauf der Arbeit nach Bedarf auf Länge sägen.

3. Alle Montageschritte erfolgen jeweils mit Leim und Schrauben. Die Schraubverbindungen vorbohren und versenken. Die Rechtwinkligkeit der Konstruktion nach jedem Arbeitsschritt durch Messen der Diagonalen überprüfen.

4. Riegel A am oberen Ende im Winkel von 22,5° sägen. Die Seitenteile A, B und C zusammenfügen.

5. Riegel H an der Kontaktfläche zu A im Winkel von 22,5° sägen. H in einem Abstand von 10 mm unter dem oberen Ende von A anbringen. H lose auflegen, den Sägeschnitt am anderen Ende anzeichnen, H sägen und anbringen.

6. Jetzt sind beide Seitenteile fertig. Sie werden verbunden mit:
  D – liegt auf A auf.
  E – liegt vor B an.
  F – sitzt zwischen den Seitenteilen und liegt an A an.
  G – liegt ganz vorn zwischen H an.

7. Die gesamte Konstruktion mit der Vorderseite nach unten legen und den Rauspund P anbringen. Die einzelnen Bretter nicht ineinanderleimen, jedoch etwas Leim in die Falze von A, D und F auftragen. Die Verbindungen mit Nägeln oder kleinen Schrauben sichern, diese etwas schräg in die Riegel führen, da der Falz nur 10 mm beträgt.

8. Die Leisten Q in den gewünschten Höhen und Abständen anleimen und mit kleinen Schrauben fixieren.

9. Die Türteile J und K zusammenfügen. Leiste U an einem der Türflügel anbringen, sie dient als Anschlag für den anderen.

Alle Maße in mm.

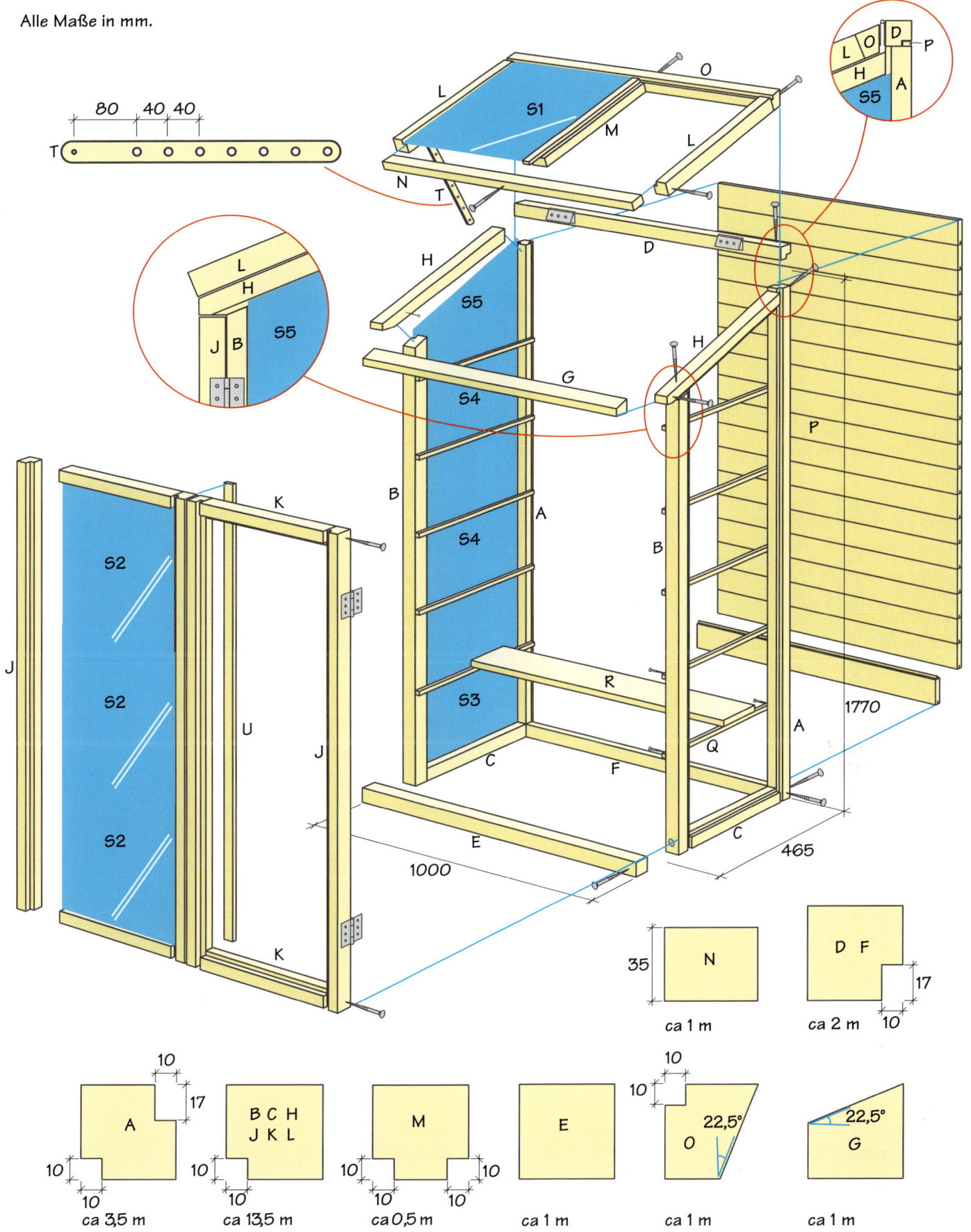

80 40 40

T

L
S1
O
M
L

L
O
D
P
H
S5
A

H
L
H
J B S5

N
T
D

H
S5

G
S4
S4
S3

B
A
B

P

A
1770

K
S2
S2
S2
U
J
K
J

R
Q
F
C
C

E
1000
465

35 N
ca 1 m

D F
17
ca 2 m 10

A
10 17
10
10
ca 3,5 m

B C H
J K L
10 10
10
ca 13,5 m

M
10 10
10 10
ca 0,5 m

E
ca 1 m

O
10
10
22,5°
ca 1 m

G
22,5°
ca 1 m

11

10. Die Türflügel mit Scharnieren an B anbringen.

11. O und L zum Dachfenster zusammenfügen. N zwischen den beiden L anbringen.

12. Ein Ende von M so sägen, dass der Teil zwischen den Falzen erhalten bleibt und auf N aufliegt.

13. M in der Mitte von O und N befestigen.

14. Das Dachfenster mit Scharnieren an D anbringen.

15. Ein Loch 5 mm Ø und sieben Löcher 10 mm Ø in die Leisten T bohren. Leistenenden abrunden.

16. Leiste T mit einer Schraube durch das kleine Loch in T so an L anbringen, dass die Leiste im eingeklappten Zustand im Rahmen vor O Platz findet. Einen Nagel in L so einschlagen, dass T parallel zu L gehalten wird. Eine Schraube an geeigneter Stelle in H anbringen, in die die großen Bohrungen von T eingehängt werden können.

17. In die Unterseiten der Regalböden R vier Nägel so einschlagen, dass sie beim Auflegen der Böden zwischen die Leisten Q zu liegen kommen.

18. Alle Oberflächen mit Außenfarbe streichen. Gut trocknen lassen.

19. Jetzt werden die Glasscheiben von unten beginnend eingesetzt. Einen Strang Kitt in den Falz einlegen und die Scheibe vorsichtig hineindrücken. Einige Stifte einschlagen, die das Glas halten.

20. Die nächste Scheibe soll die erste um ca. 20 mm überlappen. Auf jeder Seite einen Drahtstift 20 mm unter dem oberen Rand der ersten Scheibe in den Falz bis an das Glas heran einschlagen. Einen Strang Kitt in den Falz einlegen und die nächste Scheibe vorsichtig hineindrücken. Einige Stifte einschlagen, die das Glas halten. Die restlichen Scheiben auf dieselbe Weise einsetzen.

21. Scheiben S5 im Winkel von 22,5° zuschneiden. Die größte Höhe beträgt 220 mm.

22. Nachdem alle Scheiben eingesetzt sind, einen Strang Kitt in den Falz einlegen und abziehen. Den Kitt aushärten lassen.

23. Das Gewächshaus ein zweites Mal streichen, dabei den Kitt überstreichen.

24. Die Regalböden einlegen.

25. Das Gewächshaus auf Betonplatten oder einer anderen festen Unterlage platzieren. An einer sonnigen Wand aufstellen und, wenn möglich, an der Wand verankern, vor allem an windgefährdeten Stellen.

Lange Bank

Sehr nützlich bei Gartenfesten mit vielen Gästen.

Vielleicht ist dies auch die längste Lügenbank der Welt? Mit dem Platz, den sie acht erwachsenen „Lügnern"

und einem Hund bietet, sollten dabei auch richtig gute Geschichten herauskommen.

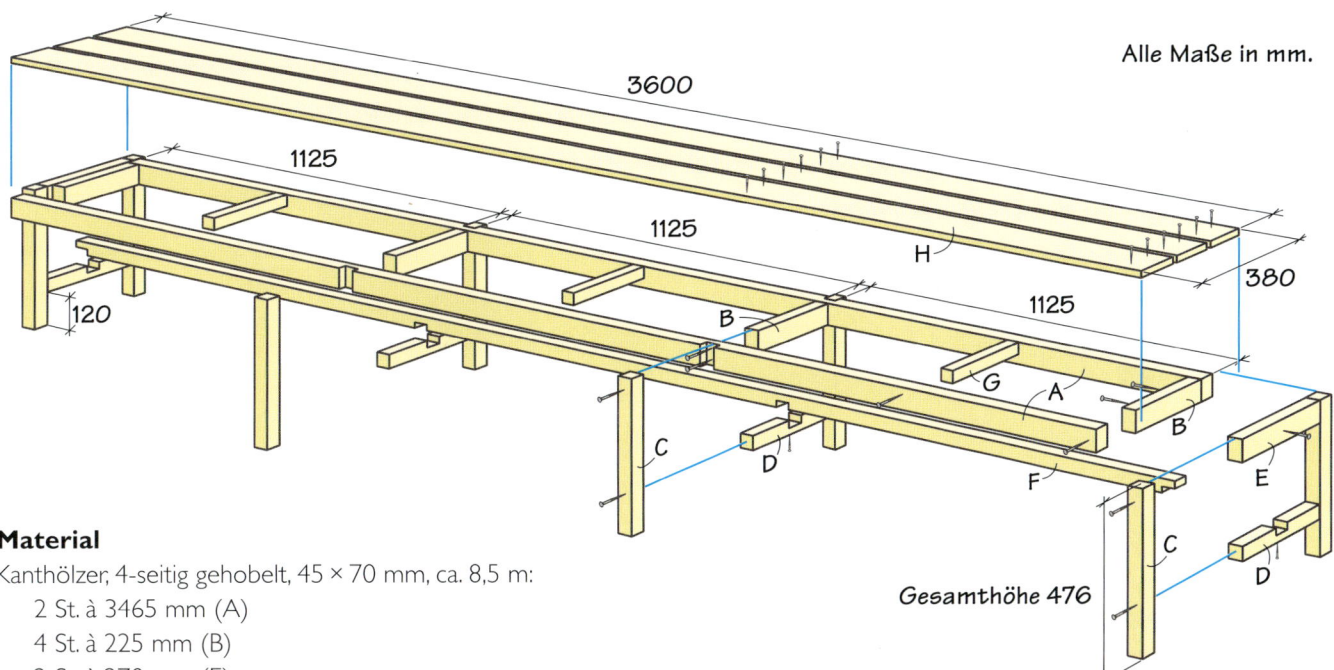

Alle Maße in mm.

3600

1125

1125

1125

380

120

H

B

G

A

B

C

D

F

E

C

D

Gesamthöhe 476

Material

Kanthölzer, 4-seitig gehobelt, 45 × 70 mm, ca. 8,5 m:
    2 St. à 3465 mm (A)
    4 St. à 225 mm (B)
    2 St. à 270 mm (E)
Kanthölzer, 4-seitig gehobelt, 45 × 45 mm, ca. 9 m:
    8 St. à 455 mm (C)
    4 St. à 270 mm (D)
    1 St. à 3555 mm (F)
    3 St. à 225 mm (G)
Außenpaneele, 21 × 120 mm, ca. 11 m:
    3 St. à 3600 mm (H)
Schrauben, 5 × 90 mm und 3,5 × 55 mm
Holzleim für den Außenbereich
Außenspachtel
Holzversiegelung und Grundieröl für den Außenbereich
Außengrundierung, Außenlack

Und so wird's gemacht

1. In den Zargen A die Aussparungen für die Beine C aussägen und ausstemmen. Die Aussparungen entsprechen der halben Dicke des Kantholzes.

2. Beide A mit den beiden mittleren Querriegeln B verleimen und verschrauben. Die Verbindungen in den Aussparungen für die Beine mit zwei Schrauben sichern. Die beiden Schrauben außerhalb der Mitte eindrehen und versenken.

3. Die beiden äußeren Querriegel B zwischen den Zargen A einleimen und verschrauben.

4. Die vier mittleren Beine C in die Aussparungen in A einleimen und verschrauben. Die Schraube zwischen den beiden Schrauben, die A und B verbinden, in B einschrauben.

5. In den unteren Querriegeln D die Aussparungen für den Längsriegel F bis zur halben Dicke von D aussägen und ausstemmen.

6. Die beiden mittleren Querriegel D zwischen den beiden mittleren Beinpaaren C anbringen.

7. Die äußeren Beinpaare aus den Teilen C, E und D verleimen und verschrauben.

8. Die äußeren Beinpaare an A und B leimen und verschrauben.

9. Den Längsriegel F einpassen und die Aussparungen anzeichnen. Die Aussparungen für die Montage in F bis zur halben Dicke aussägen und ausstemmen. F in D einleimen und mit einer kleinen Schraube von der Unterseite sichern.

10. Die Stützleisten G anleimen und verschrauben.

11. Die Sitzbretter H aufleimen und verschrauben. Mit dem mittleren beginnen. Danach die beiden äußeren anbringen. Diese sollen C um 5 mm überragen.

12. Die Schraubenköpfe überspachteln.

13. Alle Astlöcher schleifen und mit Holzversiegelung vor Ausbluten schützen.

14. Grundieröl auf alle Flächen auftragen.

15. Alles grundieren, trocknen lassen und leicht überschleifen.

16. Zweimal lackieren.

Kaminholz-Unterstand

Früher lag unser Kaminholz entweder in einem Haufen in der Einfahrt, wo es der Fahrer abgeladen hatte, oder mitten auf dem Rasen unter einer hässlichen Plane, die mit einer alten Transportpalette beschwert wurde. Das konnte natürlich nicht so weitergehen, ein Unterstand musste her! Dabei fanden wir sogar Verwendung für die Palette (siehe Bauanleitung). Wichtig war uns auch, dass der Unterstand keine Baugenehmigung erfordert, da er als transportables „Möbelstück" konstruiert ist. Wenn Sie also im Garten umräumen wollen, laden Sie das gute Stück ganz einfach auf die Sackkarre... aber vorher das Brennholz ausräumen!

Für diesen kleinen Unterstand brauchen Sie sich um keine Baugenehmigung zu kümmern, denn eigentlich ist er nur eine transportable Palette mit Aufbauten. Zu zweit lässt er sich mühelos tragen, und wenn man allein ist, leistet eine Sackkarre gute Dienste.

Wenn Ihr Unterstand nicht an einer Wand, sondern frei im Garten stehen soll, können Sie die Rückseite genauso wie die Seitenteile verkleiden. Das Diagonalkreuz brauchen Sie dann trotzdem zur seitlichen Stabilisierung.

Material

eine Transportpalette, 80 × 120 cm
Außenpaneele, 22 × 120 mm, ca. 26,5 m:
    10 St. à 1870 mm (A)
    2 St. à ca. 1650 mm (D)
    2 St. à ca. 1720 mm (E)
    1 St. à ca. 805 mm (F)
Kanthölzer, 45 × 70 mm, ca. 3,8 m:
    2 St. à ca. 1000 mm (B)
    2 St. à ca. 800 mm (C)
Rauspund, 21 × 95 mm, ca. 19 m:
    12 St. à ca. 1550 mm (G)
Dreikantleiste, 50 × 50 mm, ca. 2,2 m (H)
Außenpaneele, 22 × 95 mm, ca. 7,5 m:
    2 St. à 1060 mm und 1 St. à 1550 mm (J)
    2 St. à 1060 mm und 1 St. à 1360 mm (K)
Dachpappe: 1,6 m²
Dachpappenkleber
Pappnägel
Schrauben in verschiedenen Längen
Fassadenfarbe

Und so wird's gemacht:

1. Die Bretter A am oberen Ende im Winkel von 10° sägen. Die Länge grob zugeschnitten belassen.
2. Die Seitenteile zusammenfügen. Dazu den Riegel B auf eine flache Unterlage legen. Die Bretter A in regelmäßigen Abständen an B anschrauben. Die schräg zugesägten Enden von A jeweils an die Oberkante von B anpassen. Die Gesamtbreite der montierten Bretter A muss 822 mm betragen.
3. C so an A anschrauben, dass C am vorderen Ende bündig mit A abschließt und am hinteren Ende um ca. 22 mm eingerückt ist.
4. Die unteren Enden von A glatt sägen.

5. Die beiden Seitenteile mit langen Schrauben (110 mm) an der Palette befestigen. Auf rechte Winkel achten und provisorisch mit Leisten fixieren.
6. Die Bretter D grob sägen, an die Palette anlegen und die Sägeschnitte an den Enden anzeichnen. Die Enden sägen, Bretter wieder anlegen und die Überblattung bis zur halben Brettstärke anzeichnen. Die Bretter mehrmals mit der Kreissäge bis zur halben Dicke sägen und den Rest ausstemmen. Beide D montieren.
7. Die Bretter E und F sägen und anschrauben.
8. Den Rauspund G verschrauben. Mit dem vordersten Brett beginnen. Dieses muss an der Längsseite glatt gesägt sein. Die Bretter zunächst nur grob zuschneiden und erst nach der Montage exakt auf Länge sägen. Das hinterste Brett ebenfalls an der Längskante glatt sägen.
9. Die Dreikantleiste H entsteht durch Halbierung einer Dreieckleiste von 50 × 50 mm und verleiht dem kleinen Dach ein zierlicheres Aussehen (siehe Detailzeichnung). H sägen und anschrauben.
10. Die Dachpappe anbringen.
11. Windschutzbretter J und danach Regenschutzbretter K anbringen. J und K am besten vor der Montage streichen, so kann keine Farbe auf die Dachpappe tropfen.
12. Alles in der gewünschten Farbe streichen.

Der kleine Unterstand lässt sich auch allein gut transportieren.

Alle Maße in mm.

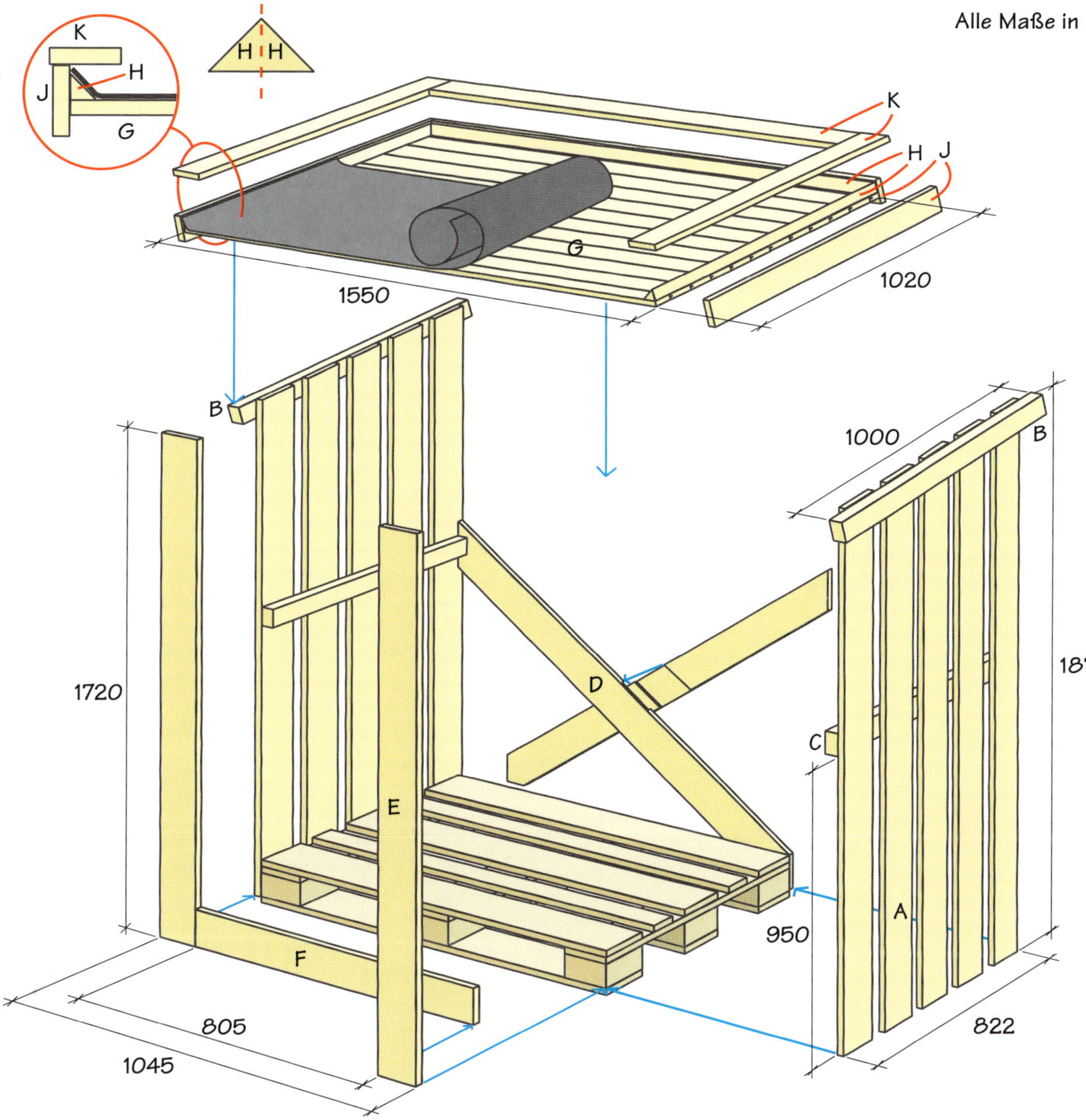

K

H H

J H G

K

H J

1550

G

1020

B

1000

B

1720

D

C

E

A

F

950

805

822

1045

1870

19

Pflanztisch auf altem Nähmaschinen- gestell

Alte Dinge in Ehren zu halten, liegt uns am Herzen. Das Nähmaschinengestell stammt noch von der Oma und stand lange ungenutzt im Ferienhaus. Jetzt dient es uns als Pflanztisch und ist überdies zu einem echten Schmuckstück im Garten geworden. Das Oberteil besteht aus zwei Etagen und bietet damit eine bequeme Arbeitshöhe und genügend Stauraum für Aufbewahrungskörbe und Kleinkram. Der umlaufende Rand mit dem kleinen Bord sorgt für ein anheimelndes Aussehen und harmonische Proportionen. Außerdem bewahrt er die Pflanzen vor dem Herunterfallen.

Material

Rauspund, 20 × 95 mm, ca. 20 m:

    2 St. à 760 mm (A1)
    4 St. à 480 mm (A2)
    2 St. à 460 mm (A3)
    2 St. à 760 mm (B1)
    4 St. à 480 mm (B2)
    6 St. à 820 mm (C)
    6 St. à 820 mm (D)
    2 St. à 820 mm (E)

Holzleim für den Außenbereich
Schrauben
Holzversiegelung
Decklasur
Nähmaschinengestell

8. Die Bretter C auf die Umrandung A schrauben.
9. Die Umrandung B schräg von unten her anschrauben.
10. Die Bretter D an die Umrandung A schrauben.
11. Die Bretter E auf die Umrandung B schrauben.
12. Alle Astlöcher mit Holzversiegelung vor Ausbluten schützen.
13. Den Pflanztisch mit Decklasur streichen und auf dem Untergestell befestigen.

Und so wird's gemacht

1. Den Rauspund für die Umrandungen A und B jeweils paarweise verleimen. Nut und Feder mit der Kreissäge abtrennen, sodass die Umrandungen die richtige Höhe erhalten.
2. Die Teile A und B auf Länge sägen.
3. Die Seitenteile B2 anzeichnen und die Konturen mit der Stichsäge aussägen.
4. A1, A2 und A3 verleimen und verschrauben.
5. B1 und B2 verleimen und verschrauben.
6. Den Rauspund C, D und E auf Länge sägen.
7. Nut und Feder des vordersten und hintersten Brettes aller drei Platten abtrennen.

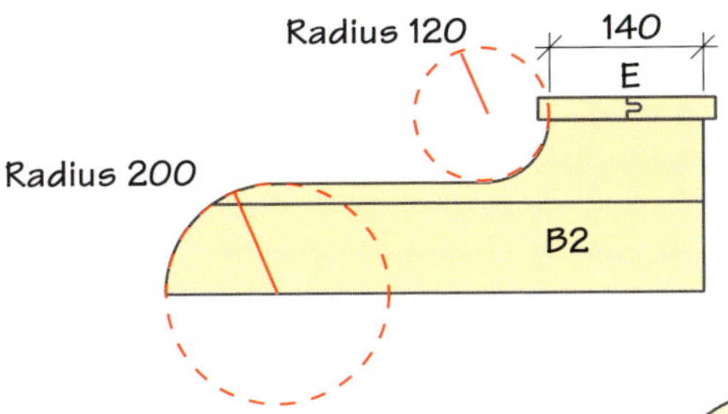

Radius 120

140

E

Radius 200

B2

E

B1

B2

130

155

C

B2

A1

A2

A3

A2

155

D

A2

820

500

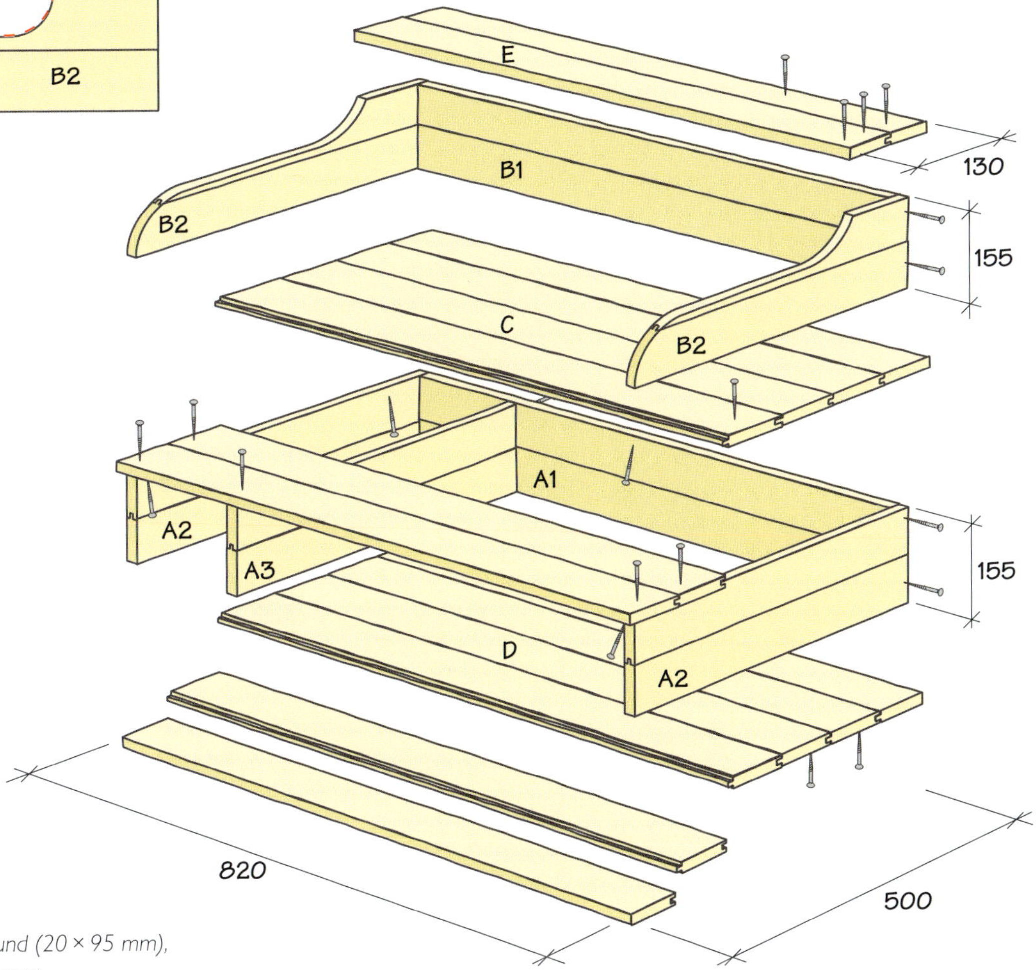

*Der Pflanztisch besteht aus Rauspund (20 × 95 mm),
dem preiswertesten Bauholz überhaupt.*

Tischplatten auf alten Metallgestellen

Das alte Erbstück oder auch das Schnäppchen vom Flohmarkt kommt auf einfache und preiswerte Art zu neuen Ehren, indem man eine neue Tischplatte dafür anfertigt. Hier zeigen wir Ihnen, wie wir einem Nähmaschinengestell und einem alten gusseisernen Tischfuß neues Leben eingehaucht haben. Der Säulentisch hatte früher eine Marmorplatte, die leider zersprungen ist, aber mit der neuen runden, weiß lackierten Tischplatte können wir ihn wieder verwenden. Eine runde Tischplatte zu bauen ist übrigens viel einfacher, als man glauben mag.

Nähmaschinengestell

Material
Bretter, gehobelt, 22 × 195 mm, ca. 2,5 m:
    3 St. à 800 mm (A, B und C)
Schrauben, 35 mm
Holzleim für den Außenbereich
Lasur für den Außenbereich

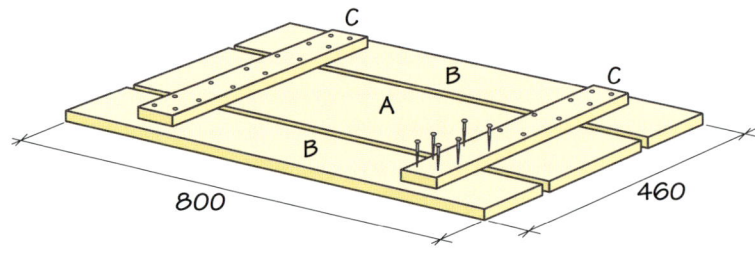

Alle Maße in mm.

Und so wird's gemacht
1. Zwei der Bretter längs auf eine Breite von 125 mm sägen. Diese werden die Teile B. Die Reststücke werden die Riegel C.
2. Die Riegel C auf eine Länge von 420 mm sägen.
3. Die Bretter A und B auf einer flachen Unterlage nebeneinanderlegen. Kleine Abstandshalter, z.B. 7 mm Sperrholz, dazwischenlegen.
4. Die Riegel C so an A und B anleimen und verschrauben, dass sie auf die Montagelöcher des Untergestells passen.
5. Die Tischplatte schleifen und lasieren.

Gusseiserner Tischfuß

Alle Maße in mm.

Material
Bretter, gehobelt, 22 × 70 mm, ca. 6 m:
    8 St. à 600 mm (A)
    2 St. à 560 mm (B)
Schrauben, 35 mm
Holzleim für den Außenbereich
Holzversiegelung
Außengrundierung, Außenlack

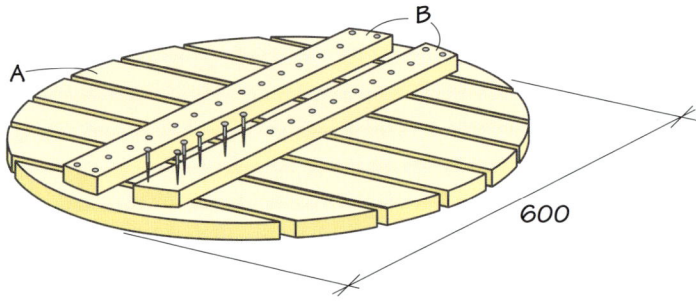

Und so wird's gemacht
1. Alle Bretter A für die Tischplatte mit kleinen Abstandshaltern (7 mm Sperrholz) nebeneinanderlegen.
2. Den Bogenzirkel im Mittelpunkt ansetzen. Dafür den mittleren Spalt zwischen den Brettern mit einem kleinen Stück Pappe überdecken, das mit Klebeband befestigt wird. Einen Kreisbogen mit 300 mm Radius anzeichnen.
3. Die Riegel B so auflegen, dass sie auf die Montagelöcher des Untergestells passen.
4. Den Radius des Bogenzirkels um 20 mm verkleinern und auf B anzeichnen.

5. B entlang der Zirkelmarkierung sägen.
6. Die Riegel B auf die Bretter A leimen und anschrauben. Die äußersten Schraubenlöcher nahe den Enden von B vorbohren.
7. Die Tischplatte umdrehen, den Zirkel im Mittelpunkt aufsetzen und einen Kreisbogen mit 300 mm Radius anzeichnen. Die Kontur mit der Stichsäge aussägen.
8. Alle Astlöcher mit Holzversiegelung vor Ausbluten schützen.
9. Schleifen, grundieren und lackieren.

Sideboard

Unsere Freunde wünschten sich ein Sideboard für ihre Terrasse. Da sie oft Gäste haben – mitunter auch sehr viele –, bestand die Lösung in einem großen und zwei kleinen Tischen. Ihre Höhe erlaubt es, sich bequem am Buffet zu bedienen, und am späteren Abend kann man sie sehr gut als Stehtische nutzen. Angesichts der modernen Inneneinrichtung haben wir ein schlichtes Design gewählt. Wenn das Fest vorüber ist, werden die beiden kleinen Tische einfach unter den größeren geschoben – bis zur nächsten großen Gesellschaft.

Material

Kanthölzer, 4-seitig gehobelt, 45 × 45 mm, ca. 23 m:

    4 St. à 1020 mm (A1)

    4 St. à 310 mm (B1)

    3 St. à 1410 mm (C1)

    8 St. à 920 mm (A2)

    8 St. à 260 mm (B2)

    6 St. à 580 mm (C2)

MDF-Holzfaserplatte, 16 mm:

    1 St. à 400 × 1500 mm (D1)

    2 St. à 350 × 670 mm (D2)

galvanisiertes Blech:

    1 St. à 525 × 1625 mm (E1)

    2 St. à 475 × 795 mm (E2)

Außenleim

Schrauben, 110 mm

Schrauben, 35 mm

Außenspachtel

Holzversiegelung

Grundierung für den Außenbereich

Lack für den Außenbereich

Und so wird's gemacht

1. Die Teile A, B und C für alle drei Tische zuschneiden. (Das beste Ergebnis erzielt man mit einer Kapp- und Gehrungssäge.)

2. Die Teile A und B für die Stirnseiten der drei Tische verleimen und verschrauben. Zur Kontrolle der Rechtwinkligkeit die Diagonalen messen.

3. Die Seitenteile mit den Längsriegeln C verleimen und verschrauben. Auf Rechtwinkligkeit prüfen.

4. Die Holzfaserplatten D aufleimen und verschrauben.

5. Zum Zuschneiden und Abkanten der Bleche E benötigt man Spezialwerkzeuge. Bestellen Sie die Bleche bei einer Metallbaufirma. Geben Sie die Untergestelle am besten zum Anpassen mit, damit die Bleche am Ende wirklich passen. Die Bleche werden lose auf die Tische aufgelegt.

6. Die Gestelle spachteln und schleifen.

7. Alle Astlöcher mit Holzversiegelung vor Ausbluten schützen.

8. Grundieren, leicht überschleifen und zweimal lackieren.

9. Die Bleche auflegen.

Alle Maße in mm.

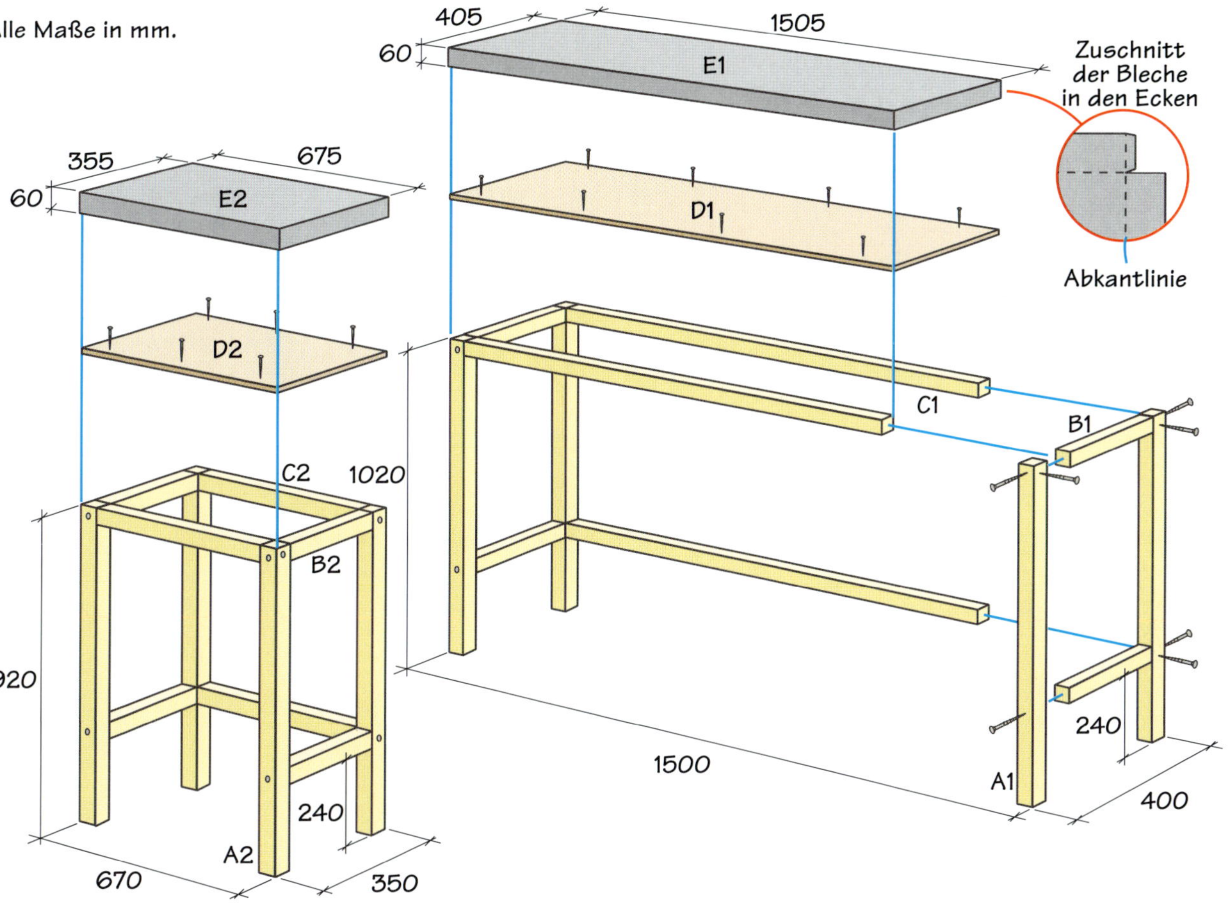

405

1505

60

E1

Zuschnitt
der Bleche
in den Ecken

355

675

60

E2

D1

Abkantlinie

D2

C1

B1

C2

1020

B2

A1

920

B1

240

240

A2

1500

400

670

350

Kleine Bank

Auf dieser gemütlichen kleinen Bank sitzt man dank der Armlehnen sehr bequem.

Sie lässt sich mühelos transportieren und dient dem Gärtner als Sitzplatz beim Rosenschneiden –

aber auch als zusätzliche Sitzgelegenheit beim Grillabend.

Material

Kanthölzer, 45 × 45 mm, ca. 4,2 m:

  1 St. à 640 mm (A)

  4 St. à 210 mm (B)

  4 St. à 650 mm (C)

Kanthölzer, 4-seitig gehobelt, 45 × 70 mm, ca. 1,8 m:

  2 St. à 550 mm (D)

  2 St. à 320 mm (E)

Bretter, gehobelt, 21 × 70 mm, ca. 2,7 m:

  4 St. à 640 mm (F)

Schrauben

Holzdübel

Holzleim für den Außenbereich

Imprägnieröl, Grundierung, Lack

Und so wird's gemacht

1. Die Überblattungen in den Riegeln B1 und A bis zur halben Dicke aussägen und ausstemmen, die Teile aber noch nicht zusammenfügen.

2. Die beiden Beinpaare aus B1, B2 und C mit zwei Holzdübeln verleimen und alle Verbindungen mit Schrauben sichern.

3. Die Beinpaare dann in gleicher Weise mit D verbinden. Achtung: Nicht in die Schraubverbindung zwischen B und C bohren.

4. Den Riegel A mit etwas Leim in B1 einlegen. Mit einer Schraube von unten durch B1 sichern.

5. Die Sitzbretter F zurechtsägen und die beiden äußeren für die Beine C aussägen, siehe Zeichnung. Die Sitzbretter in regelmäßigen Abständen anleimen und anschrauben.

6. Die Armlehnen E anzeichnen und mit der Dekupier- oder Stichsäge aussägen. Die Kanten sorgfältig schleifen und abrunden.

7. E mittels Holzdübeln mit C verleimen. Zusammenpressen und den Leim aushärten lassen.

8. Oberflächen nach Bedarf schleifen. Mit Imprägnieröl behandeln und trocknen lassen.

9. Einmal streichen und zweimal lackieren.

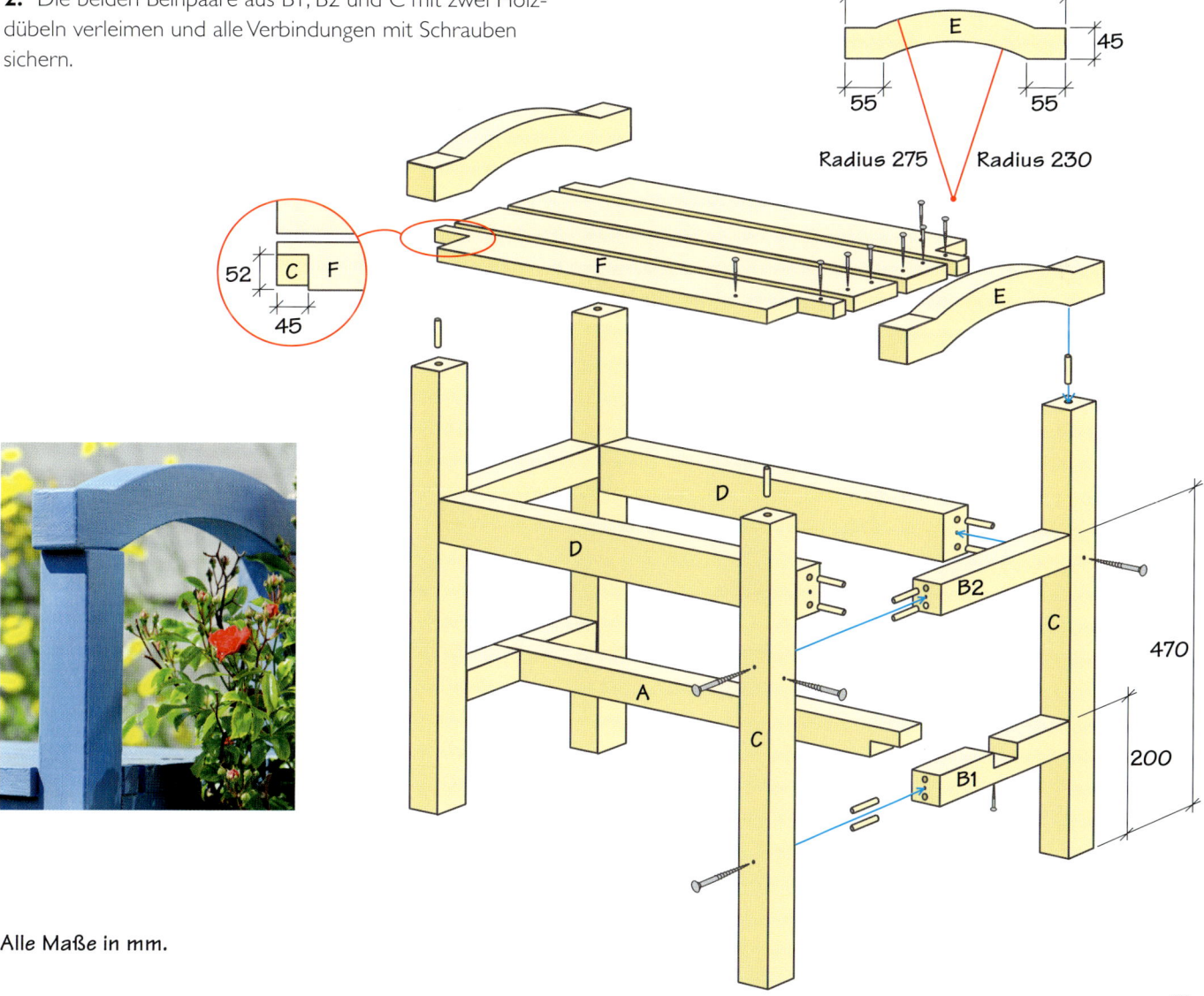

Alle Maße in mm.

Vordach

Das Vordach wertet sowohl den Balkon als auch das dahinter liegende Schlafzimmer auf.
Der Balkon sieht gleich viel gemütlicher aus, und die Tür kann jetzt auch bei Regen offen bleiben,
ohne dass die hölzernen Türrahmen oder das Parkett im Zimmer Schaden nehmen.
Das Sicherheitsglas ist stoß- und schlagfest und lässt viel Tageslicht durch. Außerdem prasselt
der Regen auch nicht so laut darauf wie auf ein Kunststoffdach.

Unsere Hauswand hat oben einen umlaufenden Fries. Das hat den Bau des Vordachs etwas erschwert. Friese oberhalb der Tür sind allerdings recht selten. Deshalb geht unsere Bauanleitung von einer glatten Wand aus. Die zusätzliche Zeichnung (siehe Kasten) und Beschreibung zeigen unsere individuelle Lösung.

Material

Kanthölzer, 45 × 120 mm, ca. 4,5 m:
  2 St. à 1930 mm (A und B)
  2 St. à ca. 200 mm (F)
Kanthölzer, 45 × 70 mm, ca. 9 m:
  2 St. à 805 mm (C)
  2 St. à ca. 800 mm (D)
  7 St. à 820 mm (E)
Leiste, gehobelt, 8 × 27 mm, ca. 1,7 m:
  2 St. à 820 mm (H)
Leiste, gehobelt, 8 × 21 mm:
  1 St. à 820 mm (J)
Leiste, gehobelt, 8 × 45 mm, ca. 2,5 m:
  3 St. à 820 mm (K)
Außenpaneele, 21 × 120 mm, ca. 1,7 m:
  2 St. à 840 mm (L)
Sicherheitsglas, 4 mm:
  2 St. à 835 × 935 mm (G)
Schrauben
Holzleim für den Außenbereich
Sechskantschrauben für die Wandmontage
Gummileiste
Holzversiegelung
Grundierung für den Außenbereich
Lack für den Außenbereich

Und so wird's gemacht

Zunächst wird die gesamte Konstruktion bis auf G, H, J, K und L fertig gestellt:

1. Die Aussparungen in den beiden Querträgern A und B aussägen und ausstemmen.

2. Die Aussparungen in den Dachbalken E aussägen und ausstemmen. Achtung: Wegen der Dachneigung von 7° müssen die Aussparungen im Winkel von 7° gesägt werden. E an beiden Enden im Winkel von 7° sägen. Die Tiefe der Aussparungen ist so zu wählen, dass E einige Millimeter über A und B hinausragen.

3. Die beiden E, die an C anliegen sollen, auf A anschrauben. Den 7°-Winkel beachten.

4. C sägen: an der Oberkante passend zu E, an der Unterkante leicht abgeschrägt. C an A befestigen.

5. Die Stützstrebe D mit Zwingen in der richtigen Lage zu C und E fixieren. In C die Aussparung für D anzeichnen. Auf D die Sägeschnitte zum Einfügen in E und B anzeichnen.

6. D herausnehmen und die Aussparungen in C sägen.

7. D wieder einsetzen und die Sägeschnitte entsprechend der Aussparung in C anzeichnen.

8. D herausnehmen und beide Enden sägen.

9. Den Querträger B an den beiden Dachbalken E montieren.

10. Beide D einsetzen und mit Schrauben fixieren.

11. Die restlichen E mit Schrauben befestigen.

12. Den Stützkeil F an E und C anlegen und anzeichnen. F sägen, anleimen und anschrauben.

13. Astlöcher versiegeln. Die gesamte Konstruktion grundieren und lackieren. H, J, K und L ebenfalls streichen.

14. Die Holzkonstruktion mit Sechskantschrauben und Dübeln in geeigneter Größe durch C und A hindurch an der Wand befestigen.

15. Die Leisten H mit einigen kleinen Nägeln auf den äußersten E sowie J auf dem mittleren E annageln. Neben den Leisten H und J jeweils eine dünne Gummileiste auf E verlegen. Die Glasscheiben G darauflegen und jeweils noch eine weitere Gummileiste auflegen. K aufschrauben.

16. Die Windschutzbretter L sägen und an beiden Seiten anschrauben.

17. Farbanstrich nach Bedarf ergänzen.

Ergänzung: Vordach an Hauswand mit Fries

Material (zusätzlich bzw. mit anderen Maßangaben):
Kanthölzer, 4-seitig gehobelt, 45 × 45 mm:
  1 St. à 1930 mm (A1)
Kanthölzer, 4-seitig gehobelt, 45 × 70 mm, ca. 7 m:
  2 St. à 790 mm (C)
  7 St. à 750 mm (E)
Außenpaneele, 21 × 120 mm, ca. 1,6 m:
  2 St. à 770 mm (L)
Sicherheitsglas, 4 mm:
  2 St. à 765 × 935 mm (G)

Und so wird's gemacht

1. Den Fries ausmessen und die Maße entsprechend anpassen.

2. Nachdem die Aussparungen in A ausgesägt wurden (Punkt 1), A1 an A anschrauben.

3. C mit einer Schraube von oben her durch A1 hindurch anschrauben.

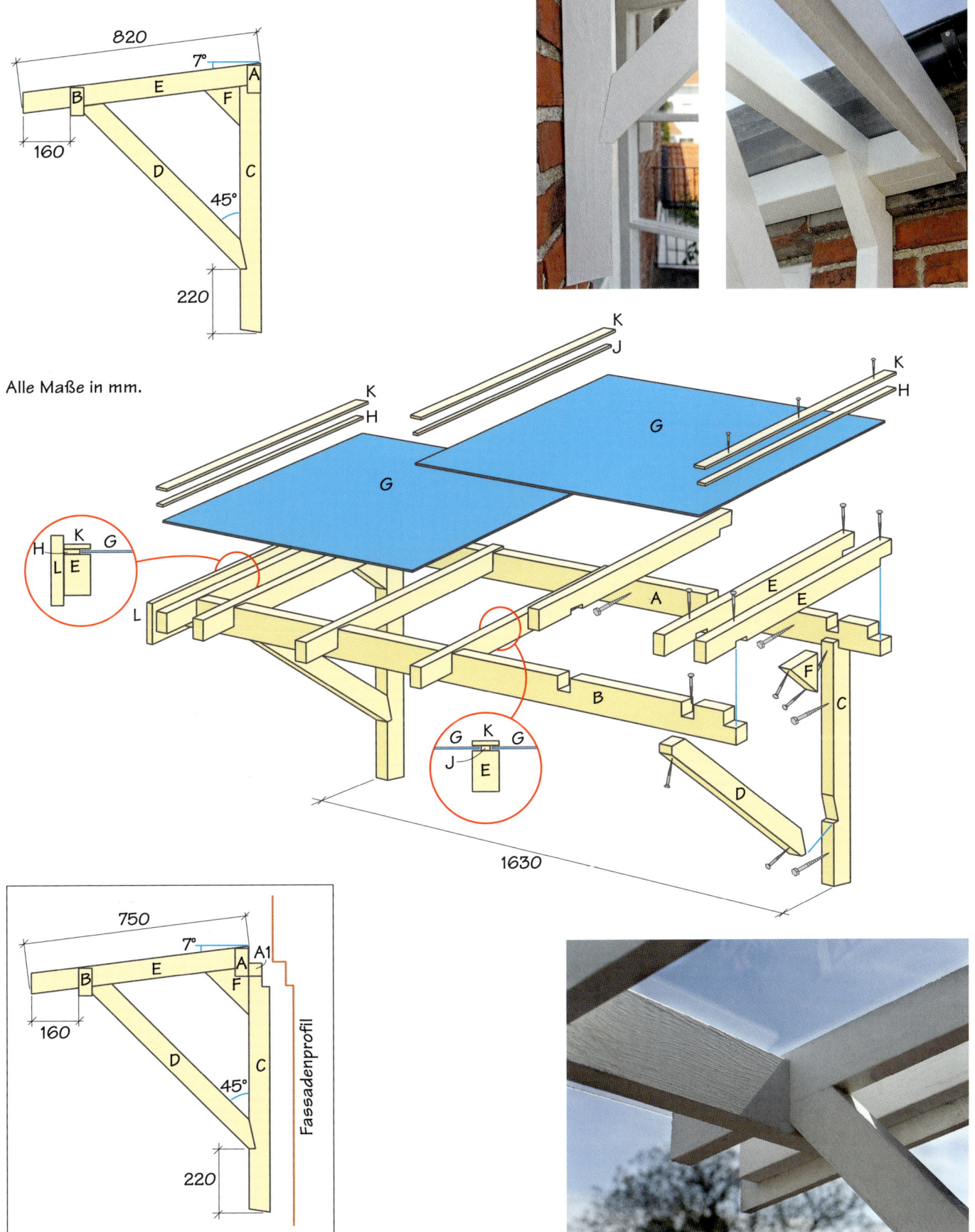

820

7°

A

B

E

F

160

D

C

45°

220

Alle Maße in mm.

K

J

K

H

K

H

G

G

H K G

L E

L

A

E E

F

C

G K G

J

E

B

D

1630

750

7°

A

A1

B

E

F

160

D

C

45°

220

Fassadenprofil

Tablett mit Griff

Ein Tablett für das Kaffeegeschirr oder auch für Pflanztöpfe. Außerdem finde ich es einfach schön. Wir werden wohl noch einige bauen, denn wir lassen das Tablett oft als eine Art Stillleben stehen. Auch als Mitbringsel für liebe Freunde ist es bestens geeignet – beladen mit Snacks, Gebäck, selbstgemachter Konfitüre und einer guten Flasche Wein.

Material

Leisten, 10 × 48 mm, ca. 4,8 m:

    2 St. à 500 mm (A)

    2 St. à 260 mm (B)

    5 St. à 500 mm (C)

    2 St. à 320 mm (D), werden in 4 Leisten mit einer Breite

    von 22 mm geteilt.

Rundstab, 15 mm Ø:

    1 St. à 500 mm (E)

Holzleim für den Außenbereich

Drahtstifte

Schrauben

Grundierung für den Außenbereich

Lack für den Außenbereich

Paraffinöl

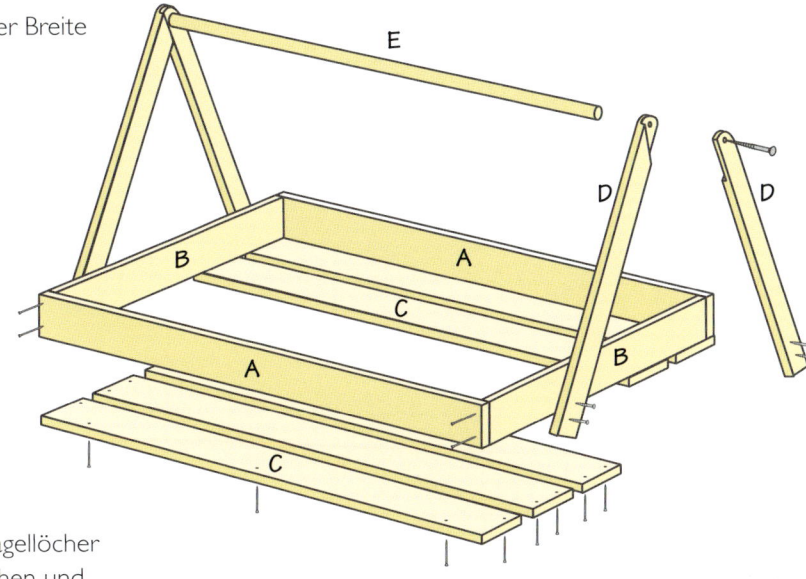

Und so wird's gemacht

1. A und B zum Rahmen verleimen und nageln. Nagellöcher in A vorbohren, damit die Nägel gerade ins Holz gehen und das Holz nicht reißt.

2. Die Bretter C an die Unterseite des Rahmens leimen und annageln. Zuvor die Löcher in C vorbohren.

3. Die Teile D aneinanderlegen und die Aussparungen am oberen Ende anzeichnen. Die Aussparungen bis zur halben Dicke aussägen und ausstemmen. Die Teile verleimen, zusammenpressen und aushärten lassen.

4. Das obere Ende von D abrunden. Das Schraubenloch für E vorbohren. E einleimen und anschrauben.

5. D an B anleimen und verschrauben (Schraubenlöcher vorbohren).

6. Alle Flächen grundieren.

7. Hellgrauen Lack mit einem Lappen auftragen und verreiben. Trocknen lassen.

8. Mit feinem Schleifpapier nach Wunsch überschleifen, bis das Tablett etwas abgenutzt aussieht. Den Lack an Ecken, Kanten und Griff am stärksten abschleifen.

9. Das ganze Tablett mit Paraffinöl einreiben.

Alle Maße in mm.

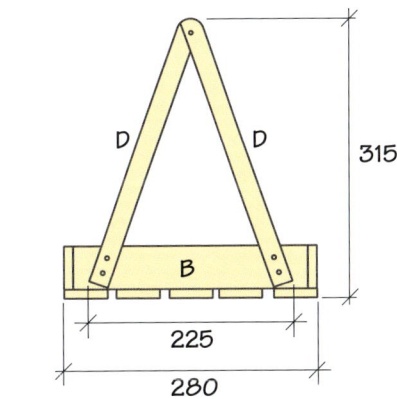

Spalier an der Eingangstreppe

Unsere Freunde wohnen an einer Straße mit mehreren Nachbarhäusern in unmittelbarer Nähe. Daher wünschten sie sich einen Sichtschutz für ihre Eingangstür. Er sollte allerdings nicht zu massiv aussehen und Platz für Kletterpflanzen bieten. Unsere Lösung war ein einfaches, weißes Spalier, an dem das grüne Laub wie von selbst emporklettert.

Das Spalier ist an die Eingangstreppe angepasst. Es wurde am Vordach und an der Wand neben der Treppe verankert. Bauen Sie Ihr eigenes Spalier entsprechend den Maßen Ihres Hauseingangs.

Material

Außenpaneele, 22 × 45 mm, ca. 14 m:

    6 St. à 2000 mm (A)

    2 St. à 870 mm (B)

Leisten bzw. Vierkantstäbe, 22 × 22 mm, ca. 2,7 m:

    3 St. à 870 mm (C)

Schrauben

Holzleim für den Außenbereich

Fassadenfarbe

Und so wird's gemacht

1. Die drei Vierkantstäbe C sollen später mit gleichen Abständen auf den stehenden Riegeln A angebracht werden. Dafür alle A nebeneinanderlegen und mit Zwingen zusammenhalten. Die Positionen für C anzeichnen. Aussparungen in allen A in einem Arbeitsgang aussägen (am einfachsten mit einer auf die korrekte Tiefe eingestellten Kreissäge). Mittelstücke der Aussparungen ausstemmen.

2. Den unteren Querriegel B1 und danach den oberen Querriegel B2 anleimen und anschrauben. Dabei A gleichmäßig entlang von B verteilen. Die Schraubenlöcher an den Enden von B vorbohren.

3. Die Vierkantstäbe C vorbohren, einleimen und anschrauben.

4. Das Spalier mit Fassadenfarbe streichen.

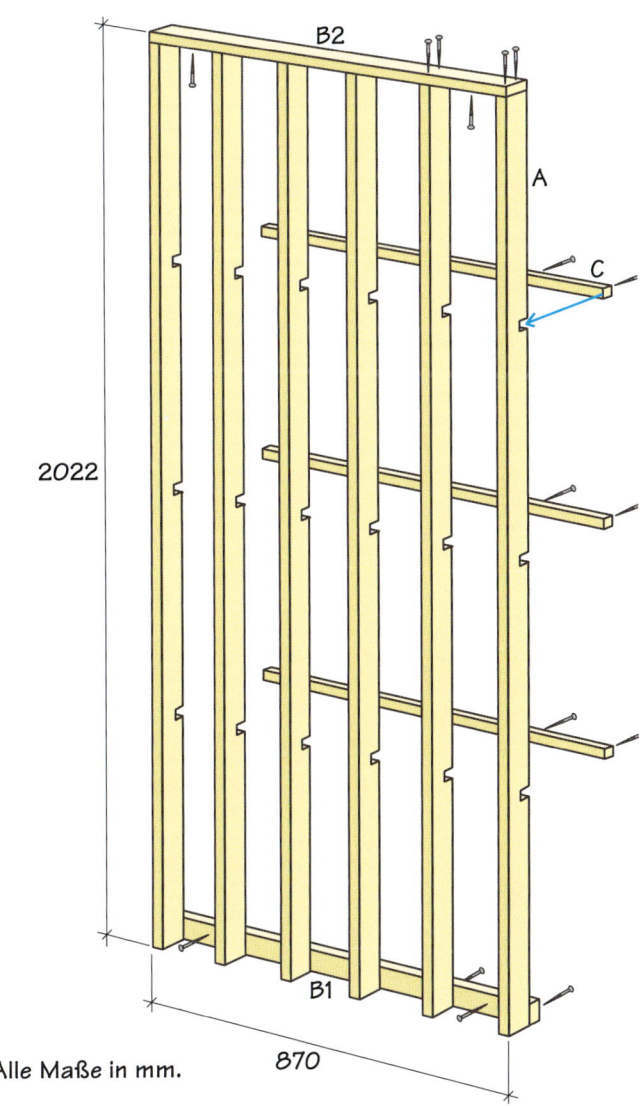

Alle Maße in mm.

Pflanztisch für Kinder

Für einen kleinen Gärtner gibt es nichts Schöneres als einen eigenen Pflanztisch. Genau so einen wie den von Mama und Papa, nur etwas kleiner. Selber mithelfen und pflanzen zu dürfen, sobald die Stecklinge im Wasserglas auf dem Fensterbrett Wurzeln bekommen haben und in die Pflanztöpfe sollen, ist der Traum eines jeden kleinen Blumenfreundes.

Material

Leisten, 4-seitig gehobelt, 21 × 34 mm, ca. 6,5 m:
    4 St. à 518 mm (A)
    4 St. à 378 mm (B)
    4 St. à ca. 340 mm (C)
    2 St. à ca. 630 mm (D)
Leisten, 4-seitig gehobelt, 21 × 45 mm, ca. 2,5 m:
    4 St. à 610 mm (E)
Rauspund, 17 × 85 mm, ca. 2,8 m:
    5 St. à 530 mm (F)
Bretter, 4-seitig gehobelt, 21 × 70 mm, ca. 3,8 m:
    2 St. à 435 mm (G)
    4 St. à 572 mm (J)
    2 St. à 105 mm (K)
    1 St. à 250 mm (L)
Außenpaneele, 21 × 195 mm:
    1 St. à 572 mm (H)
Schrauben
Drahtstifte
Holzspachtel
Holzleim für den Außenbereich
Holzversiegelung
Grundieröl
Außengrundierung, Außenlack

Und so wird's gemacht

1. A und B zu zwei Rahmen verleimen und verschrauben (A vorbohren).

2. C an B anleimen und anschrauben. Auf gleiche Abstände zur Außenkante des Rahmenholzes A an beiden Seiten achten.

3. Die Beine E in die Rahmen einleimen und anschrauben.

4. Das Tischunterteil mit der Vorderseite nach unten auf eine flache Unterlage legen. Alle Ecken auf rechte Winkel prüfen. Die Leisten D auflegen, einpassen und die Aussparungen für die Überblattung anzeichnen.

5. Die markierten Stellen in beiden D bis zur halben Dicke aussägen und ausstemmen. Beide D ineinanderlegen und das Diagonalkreuz wieder auf das Tischgestell auflegen. Die Sägeschnitte an den Leistenenden anzeichnen und sägen.

6. D zum Diagonalkreuz verleimen, am Tisch anbringen, an allen vier Ecken anleimen und durch A hindurch anschrauben.

7. Den Rauspund F für die Tischplatte zurechtsägen. Das vorderste und hinterste Brett auch längs zurechtsägen. Das hintere Brett soll bis zur Innenkante von A reichen, jedoch nicht auf A aufliegen. Das vordere Brett soll 10 mm über A hinausragen. F anleimen und annageln.

8. Die Zargenbretter G an einer Ecke abrunden und an die Endleisten von F leimen und schrauben.

9. Das Paneel H so aussägen, dass es genau zwischen die Zargen G passt. Das Paneel mit Leim und Schrauben durch H an F und durch G an H befestigen.

10. Das vorderste Brett J für das untere Regalfach mit Aussparungen versehen und an den Rahmen leimen und schrauben. Das hinterste Brett J an E montieren. Die restlichen Bretter mit gleichen Abständen genauso befestigen.

11. Die Konsolen K sägen. Die Breite der Oberkante beträgt 65 mm. Das Bord L an beide K leimen und schrauben.

12. Das Bord mit den Konsolen am Paneel H anleimen und von der Rückseite durch H anschrauben.

13. Nach Bedarf spachteln und schleifen.

14. Astlöcher versiegeln.

15. Einmal mit Grundieröl behandeln und trocknen lassen.

16. Einmal streichen und zweimal lackieren.

Alle Maße in mm.

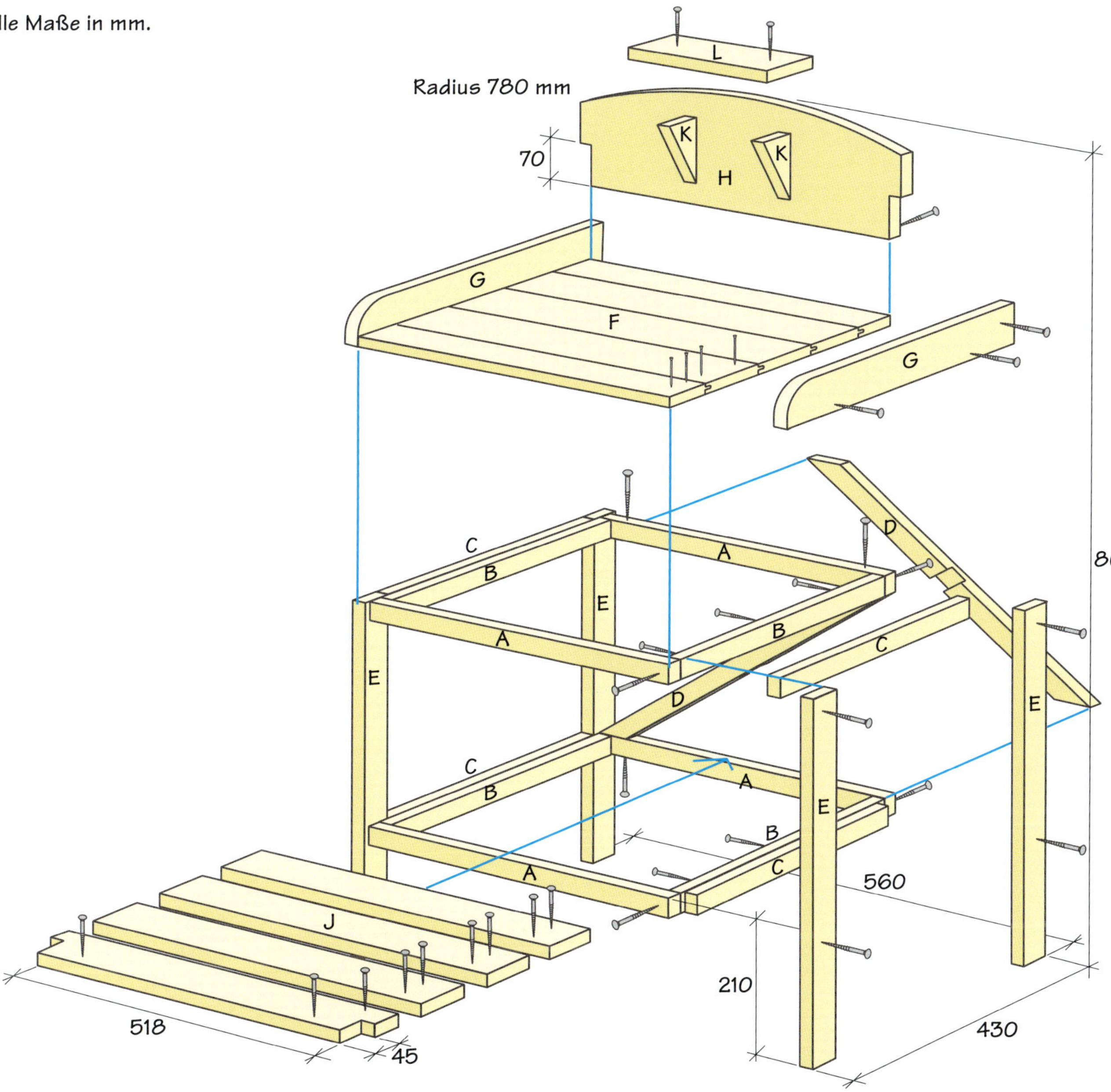

Radius 780 mm

L

K K
H

70

G

F

G

Radius 780 mm

800

C
B
A
E

A
E

D

B
C

C
B

D

E

A
E

B
C

A

J

E

B
C

560

518

A

210

430

45

Minibank

Wir haben eine Schwäche für Bänke aller Art. In einem Garten braucht man viele Sitzgelegenheiten.
Diese hier ist die kleinste, die wir bisher gebaut haben, und mit ihren knubbeligen Füßchen auch die
absolut süßeste (sofern man eine Gartenbank als süß bezeichnen kann). Außerdem können wir sie der
Abwechslung halber auch einmal ins Haus holen und beispielsweise im Bad aufstellen.

Material

Bretter, 4-seitig gehobelt, 45 × 220 mm:
    1 St. à 600 mm (C)
Bretter, 4-seitig gehobelt, 45 × 170 mm, ca. 0,7 m:
    2 St. à 300 mm (D)
Bretter, 4-seitig gehobelt, 45 × 95 mm, ca. 0,7 m:
    2 St. à 300 mm (E)
Kanthölzer, 4-seitig gehobelt, 45 × 70 mm, ca. 1 m:
    1 St. à 400 mm (A)
    2 St. à 283 mm (B)
Holzdübel: 3 St.
Holzleim für den Außenbereich
Schrauben, 120 mm: 10 St.
Außenspachtel
Holzversiegelung
Außengrundierung, Außenlack

Und so wird's gemacht

1. B an beiden Enden jeweils zweimal im Winkel von 45° sägen.

2. Beide B mit Holzdübeln mit A verleimen. Zusammenpressen und den Leim aushärten lassen.

3. C mit der Unterseite nach oben legen und das fertige Dreieck (A und B) darauf stellen. Die beiden D in Position bringen und an A anleimen und anschrauben.

4. Das Ganze umdrehen und C anleimen und anschrauben.

5. Die Konturen von E mit Hilfe eines Bogenzirkels anzeichnen. Mit der Stichsäge aussägen und schleifen.

6. Die Minibank auf den Kopf stellen und beide E anleimen und anschrauben.

7. Alle Schraubenköpfe überschleifen und überspachteln.

8. Alle Astlöcher versiegeln. Nach dem Trocknen die Bank grundieren und leicht überschleifen.

9. Zweimal lackieren.

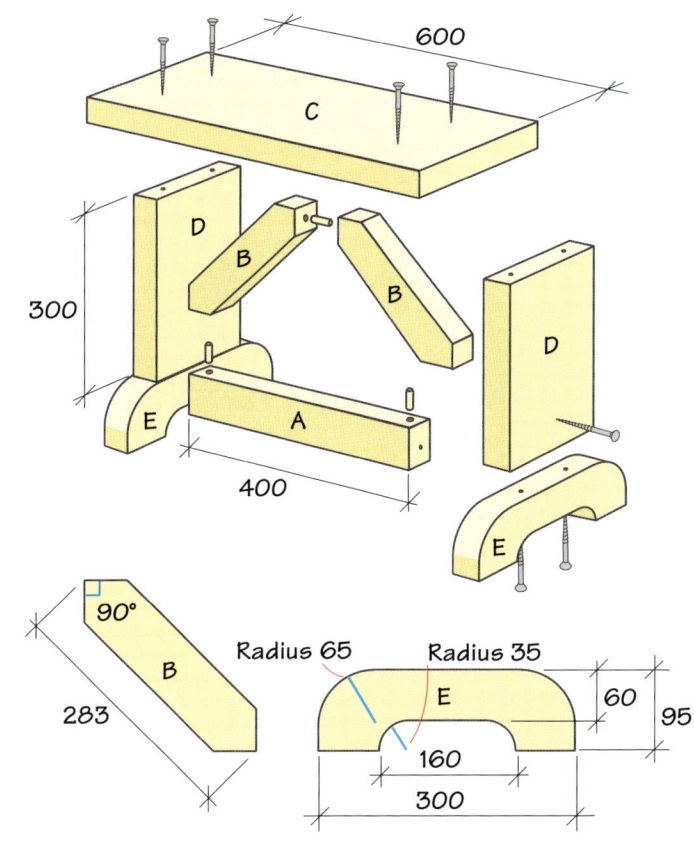

Alle Maße in mm.

Auch im Haus macht sie eine gute Figur.

Große Holzterrasse

An einem Sommertag barfuß auf eine sonnen-warme Holzterrasse hinauszutreten – ein herrliches Gefühl! Die Freunde, für die wir dieses Projekt entworfen und gebaut haben, wünschten sich eine große, um das Haus reichende Terrasse mit einem Sichtschutzzaun, der jedoch offen und gastfreundlich aussehen sollte. Und natürlich sollte der Stil zum neu gebauten Haus passen.

Herausgekommen ist eine äußerst großzügige Terrasse von 55 Quadratmetern mit einem Esstisch und Grillplatz, einer Sitzgruppe und eine Leseecke – und trotzdem ist noch viel freier Platz.

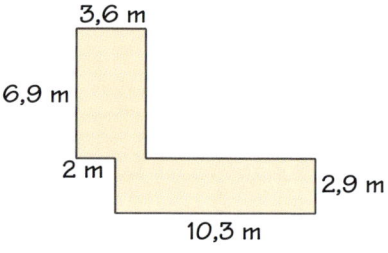

Die hier beschriebene Terrasse ist wirklich sehr groß. Entwerfen Sie Ihre eigene Terrasse ganz nach Ihrem Bedarf.

Die Bauanleitung enthält daher nur wenige Maße und Mengenangaben, da auch der Materialbedarf sehr individuell ausfällt.

Die gesamte linke Seite der Terrasse ist auf der Zeichnung auf der folgenden Doppelseite nicht zu sehen, wird aber genauso montiert. Der Teil rechts in der Zeichnung wurde stark verkürzt abgebildet. Als Montageleisten P und Latten O werden roh gehobelte Latten (dreiseitig gehobelt) verwendet.

Maße der abgebildeten Terrasse

Material

Vlies

Mittelkies

Sand oder Kies

Punktfundamente mit Schrauben und Muttern

Betonplatten

Bitumenpappe

druckimprägniertes Holz, 70 × 70 mm:

    Pfosten 1750 mm (A)

    Passstücke 120 mm (G)

druckimprägniertes Holz, 45 × 120 mm:

    sämtliche Riegel im Riegelwerk (B, C, D, E, F, H, J, K und L)

Latten, roh gehobelt, 22 × 45 mm:

    Montageleisten (P) à 1600 mm

Latten, roh gehobelt, 22 × 70 mm:

    Latten; 18 St. je Sektion (O)

Terrassendielen, kesseldruckimprägniert, 28 × 120 mm (M)

Nagelbleche

Balkenschuhe

Winkelbeschläge

Beschlagschrauben

Holzschrauben

Dielenschrauben

Fassadenfarbe

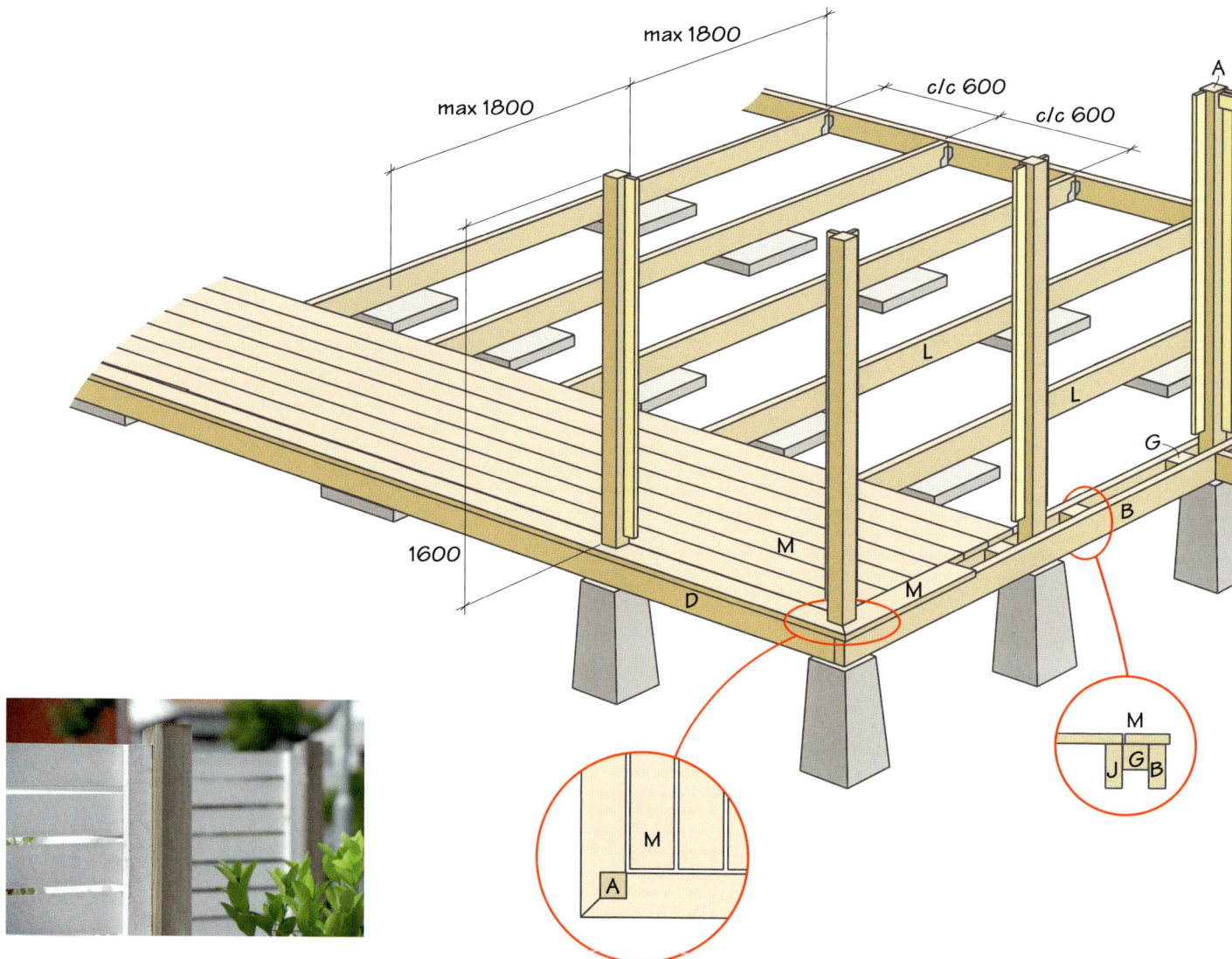

Und so wird's gemacht

1. Für die Punktfundamente Löcher ausheben. Diese müssen ca. 200 mm tiefer als die Höhe der Fundamente sein. Mit Kies bis zu der Höhe verfüllen, auf der das Fundament stehen soll. Gut verdichten. Die Fundamente in die Löcher stellen und exakt justieren (messen und Maurerschnur spannen). Mit Steinen und Kies fixieren. Die Fundamente so drehen, dass die Pfosteneisen in der richtigen Richtung stehen, siehe Bild.

2. Die gesamte Terrassengrundfläche ca. 10 cm tief ausheben. Vlies verlegen, mit ca. 5 cm Mittelkies verfüllen und verdichten.

3. Betonplatten als Abstützpunkte für die Holzterrasse verlegen. Auf die richtige Verlegehöhe im Vergleich zu den Punktfundamenten achten.

Wenn die Tragbalken B und C nicht am Haus befestigt werden können, muss auch am Haus entlang eine Reihe Platten verlegt werden.

Exakt mit Wasserwaage oder Lasermessgerät ausrichten.

4. Die Pfosten A auf den Punktfundamenten montieren.

5. Den Tragbalken B am Haus verschrauben (oder auf Platten verlegen). B verläuft vom Haus aus nach außen, liegt zunächst auf einer Platte auf und wird dann mit den Pfosten A verschraubt. Der Tragbalken B ist sehr lang. Dafür müssen mehrere Stücke mit Nagelblechen aneinandergefügt werden. Diese dürfen jedoch nicht an Stellen sitzen, an denen ein Balkenschuh angebracht werden soll. Auch die Stützriegel D an die Pfosten schrauben.

In den Ecken sind die Pfosteneisen der Fundamente auf einer Seite im Weg. Hier müssen Aussparungen in B und D gesägt werden, so dass diese dicht an A geschraubt werden können.

B und D liegen zum Teil auch auf Betonplatten auf. An allen Stellen Bitumenpappe zwischen die Platten und das Holz legen.

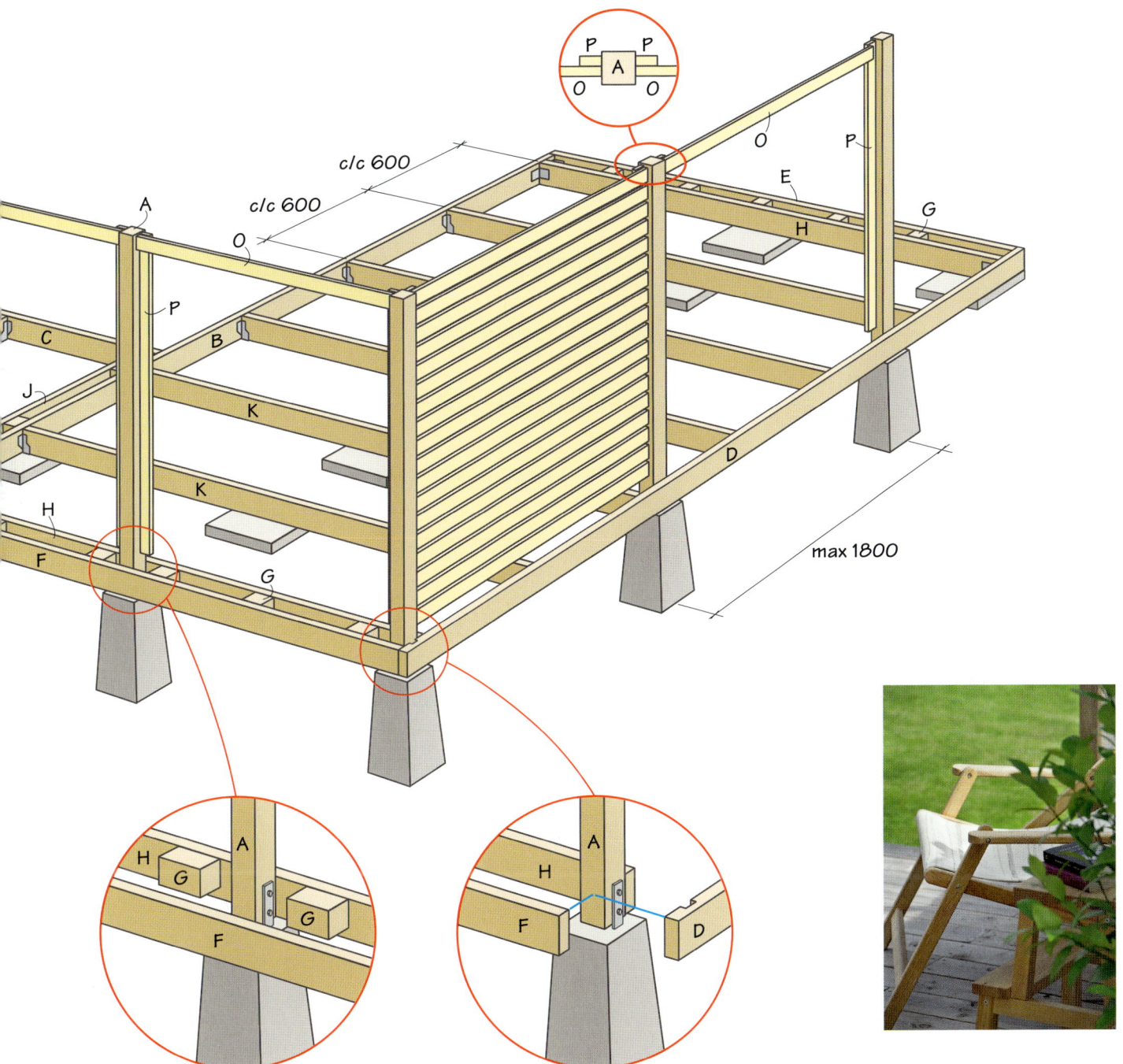

6. Den Tragbalken C am Haus montieren und an B anschrauben.

7. Den Stützriegel F an zwei Pfosten A sowie an B anschrauben.

8. Den Stützriegel E mit Winkelbeschlägen (kleiner als 70 mm) an B und D anschrauben.

9. Die Klötze G an die Riegel B, E und F schrauben.

10. Die Fußbodenriegel H und J an den Pfosten A, den Klötzen und den Längsriegeln B, C, D und F anschrauben.

11. Balkenschuhe an B, C und D anbringen und die Fußbodenriegel K und L daran befestigen.

12. Die Terrassendielen M verlegen. Mit einem Rahmen um die gesamte Terrasse herum (jedoch nicht zum Haus hin)

beginnen, siehe Zeichnung. In den Ecken auf Gehrung sägen. Für die Pfosten Aussparungen sägen. Verlängerungen der Dielen immer über einem Riegel ansetzen.

13. Die restlichen Dielen anschrauben. Mit dem Teil beginnen, der in der Zeichnung rechts zu sehen ist. Von außen beginnen und in Richtung Haus fortsetzen. Die letzte Diele muss wahrscheinlich längs gesägt werden. Niemals zwei Verbindungsstöße nebeneinander verlegen. Jedes Dielenbrett muss über mindestens drei Riegel verlaufen. Die Dielen auf der anderen Terrassenseite anbringen.

14. Alle Leisten P und Latten O vor der Montage streichen.

15. Die Leisten P an den Pfosten A festschrauben.

Schablone für die Montage der Latten

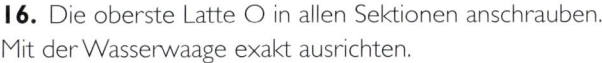

16. Die oberste Latte O in allen Sektionen anschrauben. Mit der Wasserwaage exakt ausrichten.

17. Für die Montage der restlichen Latten O zwei Schablonen anfertigen. Dafür zwei ca. 1700 mm lange Leisten zuschneiden. In jede Leiste 18 Schrauben eindrehen. Die

oberste Schraube soll auf der obersten Latte O aufliegen, die übrigen unter den restlichen O. Siehe Zeichnung rechts und Foto auf S. 76.

18. Die Schablonen mit der obersten Schraube auf die oberste Latte O hängen, die restlichen Latten nacheinander einlegen und anschrauben. Danach die Schablonen in die nächste Sektion einhängen usw. Damit werden die Latten schnell und einfach in der richtigen Höhe montiert.

Nistkästen

Der Bau von Nistkästen ist ganz einfach – und ein Vergnügen für Groß und Klein.

Allerdings gibt es Unterschiede in der Größe des Kastens, dem Durchmesser des Einfluglochs und der

Himmelsrichtung, in der der Kasten aufgehängt wird – je nachdem, welche „Untermieter" Sie sich wünschen.

Die Materialliste ist für drei Kastengrößen für die jeweiligen Vogelarten ausgelegt.

Material

Kasten 1 *– Trauerschnäpper, Halsband-schnäpper, Haubenmeise*
Außenpaneele,
    21 × 120 mm, ca. 1,3 m
    21 × 45 mm, 0,45 m

Kasten 2 *– Haussperling, Feldsperling, Sumpfmeise, Tannenmeise*
Außenpaneele,
    21 × 145 mm, 0,9 m
    21 × 120 mm, 0,75 m
    21 × 45 mm, 0,475 m

Kasten 3 *– Kohlmeise, Blaumeise*
Außenpaneele,
    21 × 145 mm, 1,3 m
    21 × 120 mm, 0,15 m
    21 × 45 mm, 0,5 m
Schrauben
Nägel
eventuell ein Stück Seil

Und so wird's gemacht

1. Alle Teile zurechtsägen. A, E und C an der Oberkante im Winkel von 22,5° abschrägen. B an einem Ende im Winkel von 22,5° schräg zuschneiden. Die ungehobelte Seite aller Bretter soll nach innen zeigen, damit die Vögel an der Innen-wand Halt finden.

2. In die Vorderseite C das Loch Y bohren, am besten mit der Lochsäge.

3. Die Rückseite A mit den Seitenteilen B verschrauben. Die Vorderseite C an B und das Befestigungsbrett F an A anschrauben.

4. Den Boden D anbringen. Dieser muss so klein sein, dass zu allen vier Wänden hin jeweils ein kleiner Spalt offen bleibt.

So kann der Boden mühelos geöffnet werden, und eingedrun-genes Regenwasser kann ablaufen. Nahe der Unterkante von B je ein Loch bohren, durch das die Schrauben leichtgängig hindurchgehen. D in Position halten und die Schrauben durch B hindurch eindrehen. Nicht zu fest anziehen, damit der Boden leicht zu öffnen ist. D wieder in Position halten und ein Loch durch C bis in D bohren. Einen Nagel hineinstecken, der zum Reinigen des Kastens leicht herausgezogen werden kann.

5. Das Dach E aufschrauben.

6. Bohrungen im Befestigungsbrett F anbringen. Zur Befesti-gung des Kastens mit Schrauben (z.B. an einer Hauswand) werden die Löcher von vorn nach hinten gebohrt. Soll der

		Kasten 1	Kasten 2	Kasten 3
Außenpaneele:				
A	21 × 145 mm		326 mm	359 mm
	21 × 120 mm	256 mm		
B	2 st. à 21 × 145 mm			350 mm
	2 st. à 21 × 120 mm	247 mm	317 mm	
C	21 × 145 mm		270 mm	290 mm
	21 × 120 mm	200 mm		
D	21 × 120 mm	75 × 115 mm	100 × 115 mm	100 × 140 mm
E	21 × 145 mm		250 mm	275 mm
	21 × 120 mm	220 mm		
F	21 × 45 mm	450 mm	510 mm	550 mm
X	Höhe Unterkante Loch:	145 mm	170 mm	220 mm
Y	Lochdurchmesser:			
	Trauerschnäpper	32 mm		
	Halsbandschnäpper	32 mm		
	Haubenmeise	32 mm		
	Haussperling		35 mm	
	Feldsperling		32 mm	
	Sumpfmeise		32 mm	
	Tannenmeise		28–30 mm	
	Kohlmeise			35–40 mm
	Blaumeise			28–29 mm

Höhe über dem Erdboden und Himmelsrichtung:

Trauerschnäpper	2–3 m; S, O
Halsbandschnäpper	2–3 m; S, O
Haubenmeise	2–3 m; S
Haussperling	2–3 m; S, O, W
Feldsperling	2–3 m; S
Sumpfmeise	1–2 m; S, O
Tannenmeise	1,2 m; S, O, W
Kohlmeise	2,5–3 m; S, O, W
Blaumeise	2 m; S, O

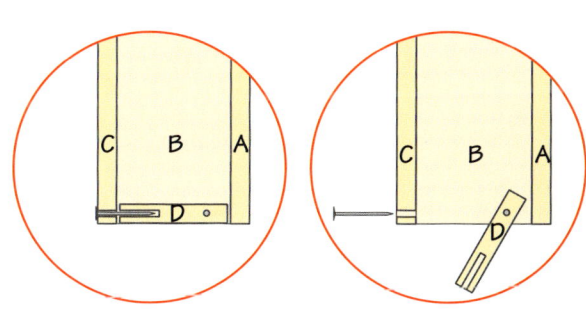

Kasten an einem Baum hängen, so kann dieser jedoch durch Bohren oder Schrauben beschädigt werden. Deshalb die Löcher in diesem Fall von links nach rechts in F bohren, ein Seil durchfädeln und dieses direkt über einem Ast locker um den Baum binden. (Die Zeichnung zeigt beide Loch-varianten.)

Damit sich die Vögel jedes Jahr wieder wohlfühlen, muss der Kasten nach jeder Saison gereinigt werden. Zum leichten Öffnen und Reinigen wird der Boden schwenkbar mit zwei Schrauben befestigt und mit einem durch eine Bohrung gesteckten Nagel fixiert.

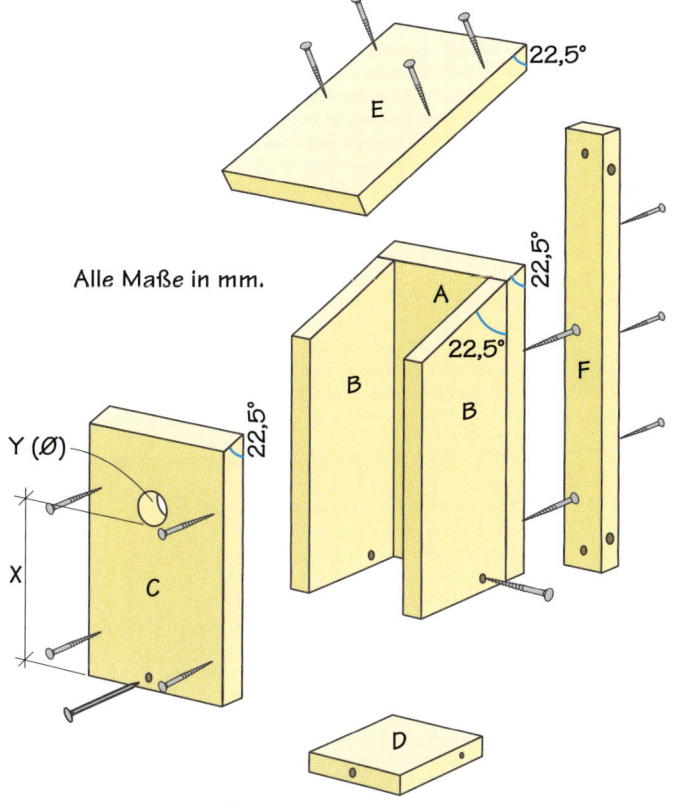

Alle Maße in mm.

Vogelhaus

Dieses Vogelhaus steht direkt vor
dem Fenster meines Arbeitszimmers.
Oft schweifen meine Blicke für eine
Weile von der Arbeit nach draußen ab.
Die Vögel zu beobachten macht Freude
und ist ungemein entspannend.

Material

Sperrholz, 7 mm:

    1 St. à 280 × 280 mm (A)

    2 St. à 150 × 196 mm (D1)

    2 St. à 150 × 210 mm (D2)

    2 St. à 263 × 370 mm (F1)

    2 St. à 278 × 390 mm (F2)

Leisten, gehobelt, 15 × 15 mm, ca. 0,7 m:

    4 St. à 150 mm (E)

Leisten, gehobelt, 8 × 27 mm, ca. 1,3 m:

    4 St. à 390 mm (B)

Rundstäbe, Ø 10 mm, ca. 1,4 m:

    4 St. à 320 mm (C)

Dreikantleisten, 15 × 34 mm, ca. 1 m:

    4 St. à 212 mm (G)

Pfahl (H) – Wir haben einen heruntergefallenen Ast verwendet, aber auch ein Kantholz (z.B. 45 × 45 mm) ist möglich, siehe Zeichnung.

Holzleim für den Außenbereich

Schrauben

Drahtstifte

Fassadenfarbe

1 Sechskantschraube

Dachpappe

Bitumenkleber

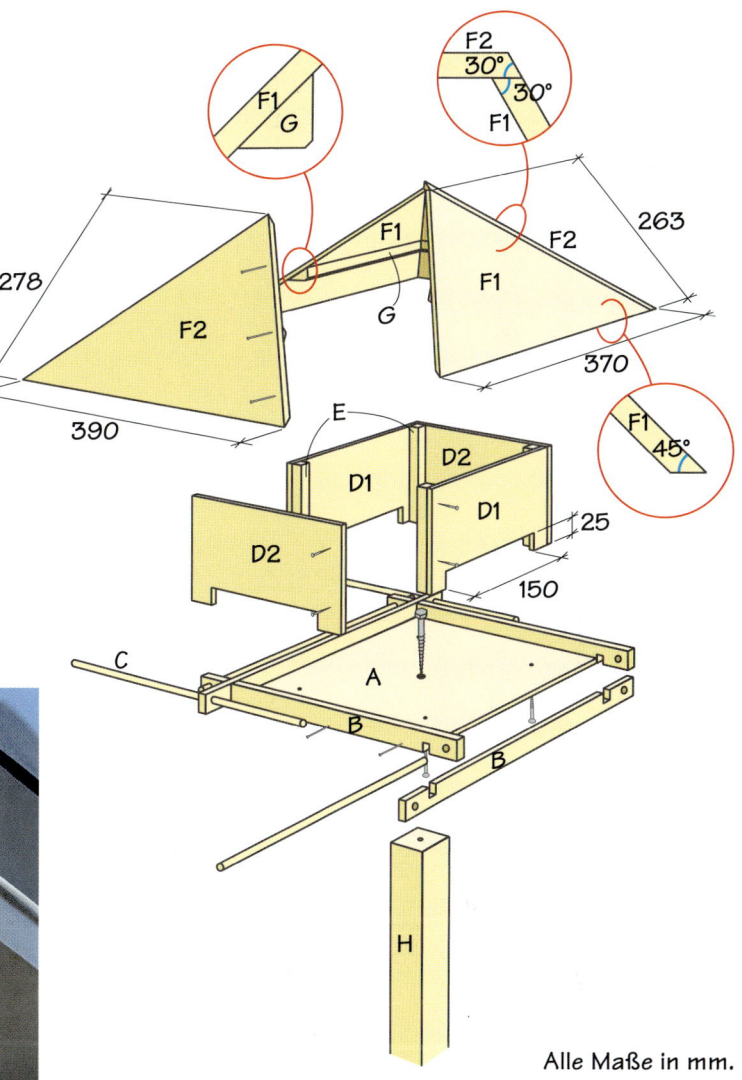

Alle Maße in mm.

Und so wird's gemacht

1. Den Boden A aussägen und in die Mitte ein Loch für die Sechskantschraube bohren.

2. In allen Leisten B Aussparungen für die Überblattungen bis zur halben Dicke aussägen und ausstemmen. Die Innenmaße des Rahmens B müssen mit A übereinstimmen.

3. Ein Stück von den Enden von B entfernt Löcher für die Rundstäbe bohren.

4. B mit etwas Leim zusammenfügen. Den Boden A einlegen, einleimen und annageln.

5. Die Rundstäbe C einschieben und mit etwas Leim fixieren.

6. Die unteren Aussparungen der Seitenteile D1 und D2 aussägen. D1 und die Eckleisten E verleimen und verschrauben. D2 in gleicher Weise befestigen.

7. Die Dachteile F1 und F2 sägen. An der Unterkante im Winkel von 45° sägen, an den seitlichen Kanten 30°.

8. Die beiden F2 stoßen an der Spitze aneinander. Damit sie dicht aneinanderliegen, müssen die Spitzen an der Innenseite abgefast werden.

9. Ein Dachteil F2 an beiden F1 anleimen und annageln. Danach das zweite F2 anleimen und annageln.

10. Das Dach F mit der Spitze nach unten hinlegen. Die zuvor montierten Wände (D und E) hineinlegen und die Position der Leisten G auf F anzeichnen. Die Leisten G sägen und an F anleimen und anschrauben.

11. Den Boden A mit den Wänden (D und E) verschrauben. Die Schrauben von unten in E eindrehen.

12. Die Dachpappe zuschneiden und mit Bitumenkleber aufkleben. Falls nötig, zusätzlich festtackern.

13. Das Vogelhaus in der gewünschten Farbe streichen.

14. Das Vogelhaus auf den Pfahl H schrauben und das Dach lose auflegen.

Sonnenliege

Während eines Urlaubs in der Karibik wohnten wir in einem Hotel, in dem überall breite Sonnenliegen mit vielen Kissen standen – an der großen offenen Rezeption, am Pool und am Strand. Viele von ihnen waren quadratisch, etwas erhöht und mit einem Schilfdach versehen. Einfach wunderbar einladend!

So etwas Ähnliches wollte ich unbedingt auch zu Hause haben. Also bauten wir unsere eigene „schwedische" Variante. Unsere Sonnenliege hat die Maße 120 × 200 cm, eine verstellbare Rückenlehne – und jede Menge Kissen! Sie ist ein äußerst beliebtes Möbelstück in unserem Garten. Besonders die Jugend nimmt sie gern in Beschlag, sobald die Sonne hervorschaut.

Material

Kanthölzer, 45 × 45 mm, ca. 10,5 m:

    2 St. à 1300 mm (A)

    4 St. à 1110 mm (B)

    2 St. à 600 mm (C)

    4 St. à 450 mm (D)

Kanthölzer, 45 × 120 mm, ca. 0,7 m:

    2 St. à 320 mm (E)

Leisten, 21 × 45 mm, ca. 5 m:

    3 St. à 1300 mm (F)

    2 St. à 510 mm (G)

Leisten, gehobelt, 21 × 21 mm, ca. 7 m:

    2 St. à 1300 mm (H)

    1 St. à 1300 mm (J)

    46 Sk. à 75 mm (K)

Bretter, gehobelt, 21 × 70 mm, ca. 21,5 m:

    19 St. à 1110 mm (L)

    Es können auch Außenpaneele, 22 × 70 mm, verwendet

    werden.

    Diese Variante ist deutlich preiswerter.

Rundstäbe, 15 mm Ø, ca. 0,5 m:

    2 St. à 150 mm (M)

Holzdübel: 52 St.

Schrauben in verschiedenen Größen

Holzleim für den Außenbereich

Scharniere: 2 St.

Holzversiegelung

Grundierung für den Außenbereich

Außenspachtel

Außenlack

Und so wird's gemacht

1. In sämtliche Leisten (K) Löcher für die Holzdübel in ein Ende bohren.

2. Die Positionen für K auf A und B1 anzeichnen. Dübellöcher bohren.

3. K mit den Holzdübeln in A und B1 einleimen. Zusammenpressen und den Leim aushärten lassen.

4. H und J in sämtliche K einleimen und verschrauben (vorbohren). Wichtig: H und J müssen die gleiche Länge haben wie A bzw. B1 und in einem Winkel von 90° stehen. Deshalb H und J vor dem Zusammenfügen nur grob zuschneiden und erst danach exakt auf Länge sägen.

5. Die Dübellöcher in H und D anzeichnen und bohren. D und A verleimen und verschrauben. Die Schraubverbindungen vorbohren und versenken. Gleichzeitig die Dübel zwischen H und D einleimen.

6. Die Seitenteile B1 und J auf gleiche Weise an D befestigen.

7. B2 zwischen den Beinen D anleimen und anschrauben. Damit ist der Rahmen komplett.

8. B3 und C verleimen und verschrauben.

9. F1 an A und G an C anleimen und anschrauben.

10. Liegefläche und Rückenlehne mit den Scharnieren verbinden.

11. Beide E anzeichnen und aussägen. Die Löcher mit einem 16-mm-Bohrer bohren.

12. E an der Unterseite von G anleimen und anschrauben. Auch an B3 befestigen. E muss sich frei innerhalb von D bewegen.

13. Alle Astlöcher versiegeln, trocknen lassen, danach sämtliche Oberflächen sowie L und F2 grundieren.

14. Alle L in gleichen Abständen an F1 und G anleimen und anschrauben.

15. Die gesamte Liege auf den Kopf stellen und F2 an L anleimen und anschrauben. Achtung: F2 nicht an B1 und B2 befestigen!

16. Alle Schraubenköpfe und sonstigen Unebenheiten überspachteln und überschleifen.

17. Zweimal lackieren.

18. Die Rundstäbe M in die gewünschten Löcher in E einsetzen.

Alle Maße in mm.

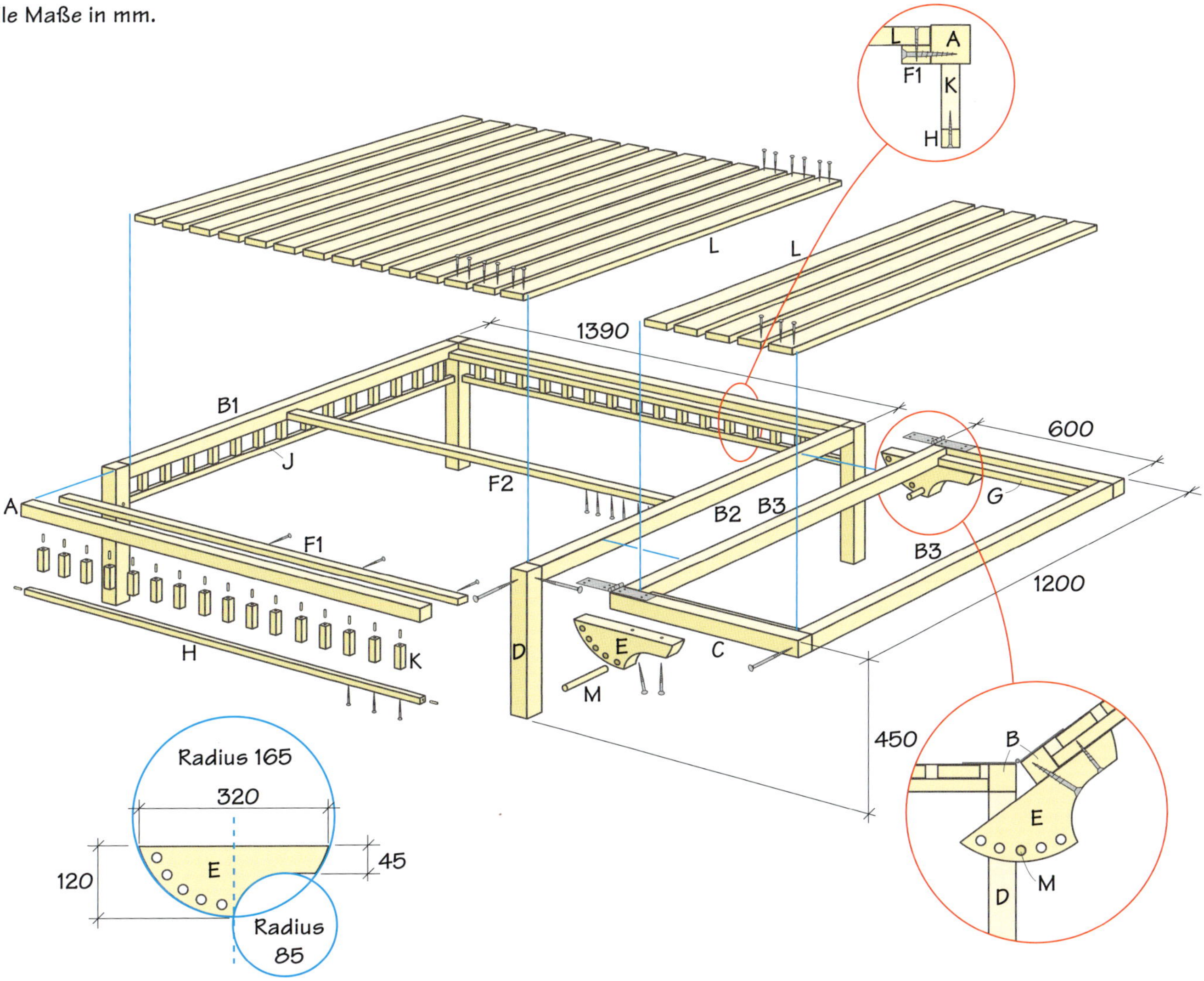

L A
F1
K
H

L   L

1390

B1

J

F2

A

F1

H   K

B2   B3

B3

600

G

D   E
M

C

1200

450

B

E

D   M

Radius 165

320

120   E   45

Radius
85

Patriks Bank

Wir haben sie so genannt, weil wir sie für meinen Bruder Patrik gebaut haben.

Sie sieht raffiniert aus, ist aber mit Hilfe einer Kapp- und Gehrungssäge ganz leicht zu bauen.

Ein pfiffiges Detail ist die Verbindung zwischen Beinen und Querholz mit einem Stück Bewehrungsstahl.

Die Bank hat ihren Platz auf Patriks Bootssteg an einem See in Nordschweden gefunden.

Material

druckimprägniertes Holz, 45 × 120 mm, ca. 5,3 m:

    4 St. à 500 mm (A)

    3 St. à 1070 mm (D)

druckimprägniertes Holz, 45 × 45 mm, ca. 1,7 m:

    2 St. à 300 mm (B)

    1 St. à 1000 mm (C)

Bewehrungsstäbe, 8 mm Ø, ca. 0,5 m:

    2 St. à 220 mm (E)

Schrauben, 80 mm: 16 St.

Holzleim für den Außenbereich

Holzöl

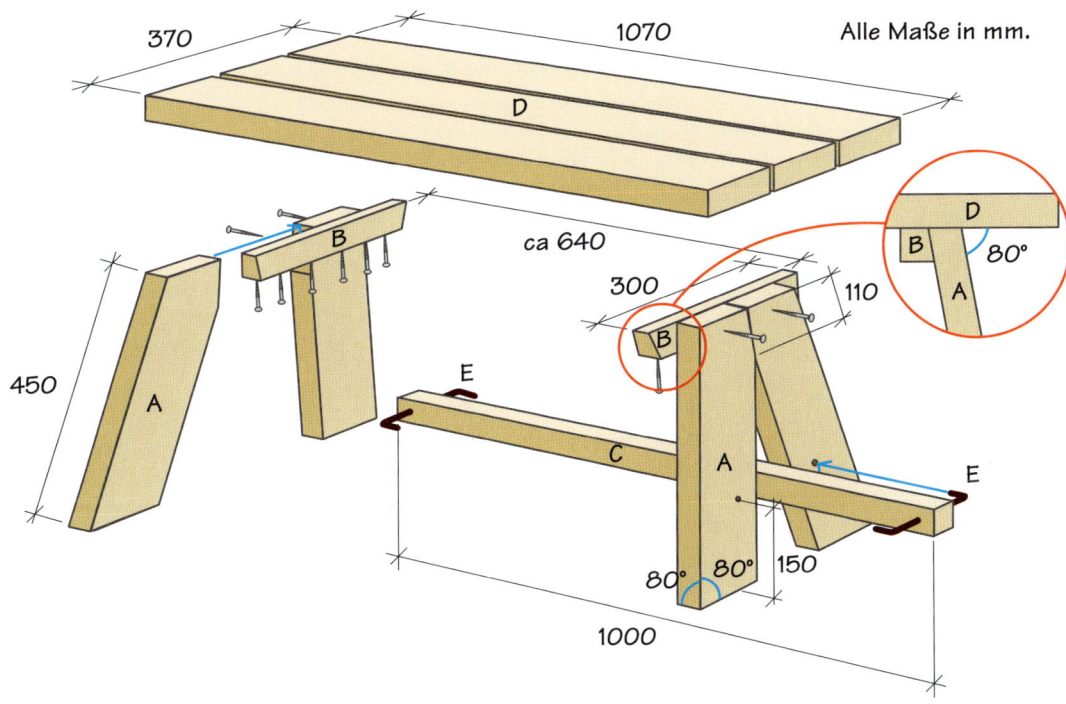

Und so wird's gemacht

1. Die Kapp- und Gehrungssäge auf 10° Winkel und 10° Neigung einstellen und alle vier Beine A kappen.

2. Jeweils zwei Beine A so aneinanderlegen, wie sie später montiert werden sollen. Im rechten Winkel zur Oberkante die Sägeschnitte anzeichnen (siehe Maße in der Zeichnung). Die Säge auf rechten Winkel und Neigung Null einstellen und einen Keil von jedem Bein absägen.

3. Die Beinpaare A verleimen, zusammenpressen und aushärten lassen. (Die abgesägten Keilstücke zum Einklemmen in die Zwinge verwenden.)

4. Zwei Riegel B zuschneiden: an den Enden im Winkel von 10° sowie längs im Winkel von 10° sägen.

5. Die zugeschnittenen Riegel B an die Beinpaare A leimen und schrauben.

6. In den Riegel C ca. 25 mm von beiden Enden entfernt je ein Loch (Ø 10 mm) bohren.

7. Um sich das Biegen der Bewehrungsstäbe E zu erleichtern, am besten in einen Schraubstock einspannen. Zuerst an jedem Stab ein Ende biegen (30 mm), dann durch C stecken und zuletzt das andere Ende biegen (30 mm).

8. Die Beinpaare auf den Kopf stellen und provisorisch mit Zwingen an einem der Bretter D festklemmen. Eins der Beinpaare hin- und herschieben, bis es passend sitzt, und die Löcher für die Bewehrungsstäbe in A anzeichnen. Mit einem 8-mm-Bohrer ca. 35 mm tief bohren.

9. Die Beinpaare A und den Riegel C zusammenfügen, indem die Bewehrungsstäbe E mit dem Hammer eingeschlagen werden.

10. Die Sitzbretter D nebeneinanderlegen. Das Unterteil umgekehrt auf die Sitzbretter stellen und die Montageposition exakt ausmessen. Das Unterteil vorbohren und an D anleimen und anschrauben.

11. Die gesamte Bank mehrmals ölen.

Zaun mit Pflanzspalieren

Dieser Zaun ist äußerst standfest gebaut, denn er ist so verwinkelt angelegt, dass er selbst den stärksten Herbststürmen trotzt. Die vielen Ecken mit ihren offenen Seiten lassen ihn dennoch nicht zu kompakt wirken und bilden überdies gemütliche „Erker" – wie geschaffen für kleine Rabatten. Im kommenden Jahr werden sie mit Kletterpflanzen und blühenden Sträuchern geschmückt sein.

Material

Kies

Punktfundamente mit Schrauben und Muttern

druckimprägniertes Holz, 95 × 95 mm:

   Pfosten à 1635 mm (A)

   Pfosten à 1145 mm (B)

druckimprägniertes Holz, 28 × 45 mm, mit abgerundeten Kanten wie Dielenbretter:

   2 St. je hohe Sektion à 1585 mm (C1)

   2 St. je hohe Zwischensektion à 1585 mm (C2)

   1 St. je hohe Sektion à 1585 mm (C3)

   2 St. je niedrige Sektion à 1095 mm (D1)

   2 St. je niedrige Zwischensektion à 1095 mm (D2)

   1 St. je niedrige Zwischensektion à 1095 mm (D3)

   15 St. je niedrige Sektion à 1605 mm (E)

   42 St. je hohe Sektion à 1605 mm (E)

   6 St. je niedrige Zwischensektion à 280 mm (F)

   8 St. je hohe Zwischensektion à 280 mm (F)

säurebeständige Holzschrauben

Material für die Fundamentschablone

Bretter, 21 × 95 mm, ca. 5,2 m:

   2 St. à 2000 mm (a)

   2 St. à 600 mm (b)

Bewehrungsstäbe: 1 St. für jedes Fundament à ca. 300 mm

Material für die Schablone zur Lattenmontage

Leisten, 15 × 15 mm, ca. 6 m:

   2 St. à ca. 1700 mm für die hohen Sektionen

   2 St. à ca. 1200 mm für die niedrigen Sektionen

Schrauben

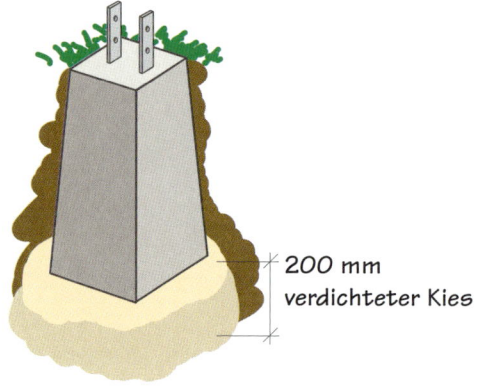

200 mm
verdichteter Kies

Und so wird's gemacht

1. Die Schablone für das Verlegen der Punktfundamente bauen, siehe Zeichnung.

2. Die Bretter a und b verleimen und verschrauben.

3. Die Positionen für die Bewehrungsstäbe exakt ausmessen. Löcher bohren, durch die die Bewehrungsstäbe leicht hindurchgehen.

4. Eine Mittellinie zwischen den Löchern zeichnen (rote Linie).

5. Maurerschnur entlang der Grundstücksgrenze bzw. in der Mitte des geplanten Zaunverlaufs spannen. Die Schablone so auf den Boden legen, dass die Schnur genau entlang der roten Mittellinien verläuft. Durch jedes Loch hindurch einen Bewehrungsstab in die Erde stecken. Die Schablone aufheben und zur nächsten Position tragen, auf die zuvor gesteckten Bewehrungsstäbe fädeln und das nächste Stabpaar in die Erde stecken. Die übrigen Fundamentpositionen entlang des Zaunverlaufs genauso markieren.

6. Für die Punktfundamente Löcher ausheben oder am besten bohren. Ein Erdbohrer kann auch ausgeliehen werden.

7. Die Löcher müssen ca. 200 mm tiefer als die Höhe der Fundamente sein. Mit Kies bis zu der Höhe verfüllen, auf der das Fundament stehen soll. Gut verdichten. Das Fundament in das Loch stellen und exakt ausrichten. Die Schablone wieder auflegen. Das Brett b liegt hierbei zwischen den Pfostenankern, die am Brett a anliegen müssen. Das Fundament mit Steinen und Kies fixieren, dabei die Schablone liegen lassen.

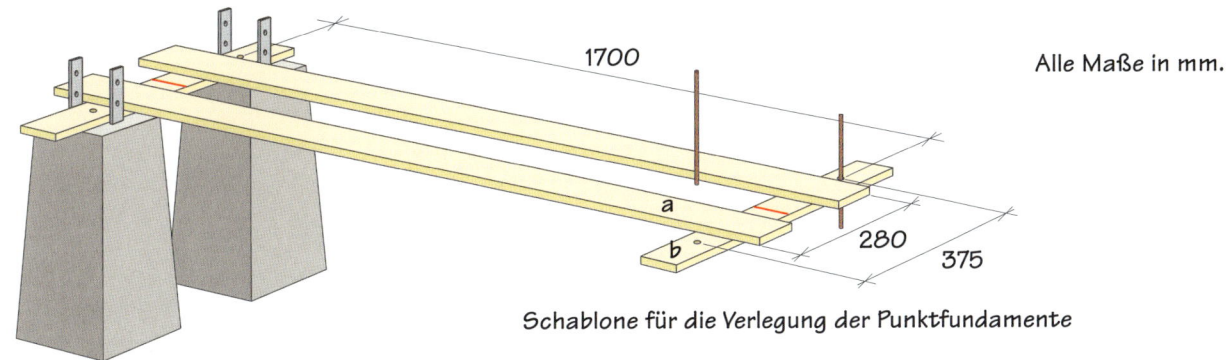

Alle Maße in mm.

1700

280

375

a

b

Schablone für die Verlegung der Punktfundamente

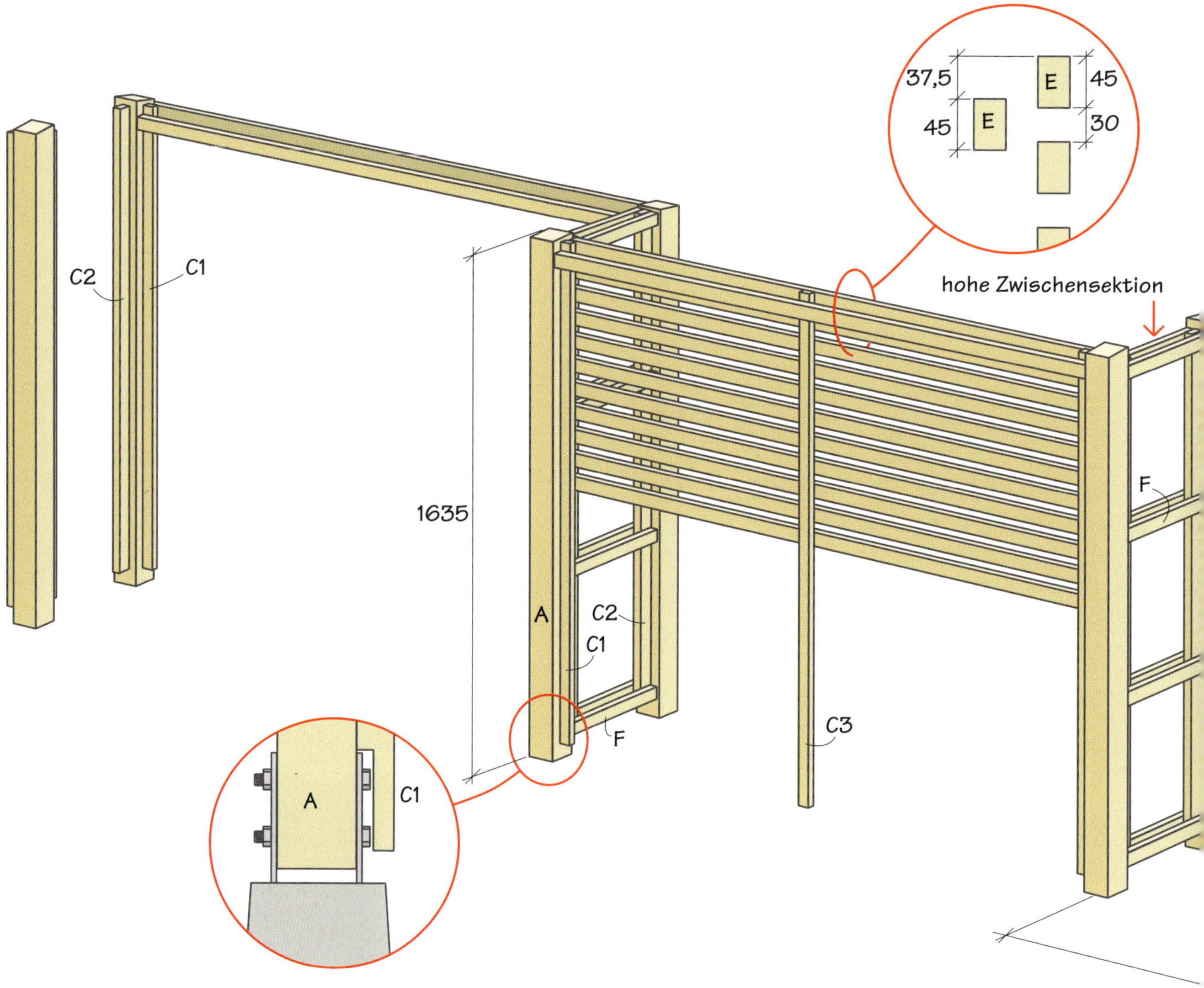

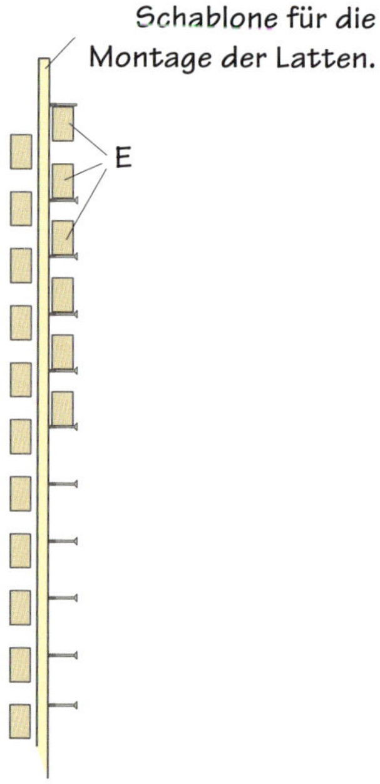

C2 C1

37,5 45
45 E 30
E

hohe Zwischensektion

1635

A
C2
C1
F

C3

F

A C1

Schablone für die
Montage der Latten.

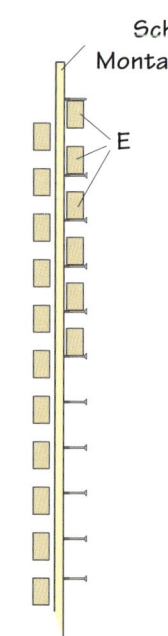

E

8. Die Pfosten A und B am oberen Ende um einige Grad abschrägen.

9. Die Pfosten A auf den Punktfundamenten montieren. Dabei unbedingt auf gleiche Höhe achten. Mit den äußersten Pfostenpaaren beginnen, Maurerschnur dazwischenspannen und die übrigen Pfosten nach der Schnur ausrichten. Die Pfosten B in gleicher Weise montieren.

10. Die Latten C1 und C2 an die Pfosten A sowie die Latten D1 und D2 an die Pfosten B anschrauben.

11. Die beiden obersten Latten E (d.h. von jeder Seite eine) jeweils um 37,5 mm in der Höhe versetzt (siehe Zeichnung) in allen Sektionen anschrauben. Den senkrechten Stand der Pfosten immer wieder mit der Wasserwaage prüfen.

12. Für die Montage der restlichen Latten E zwei Schablonen anfertigen, siehe separate Zeichnung.

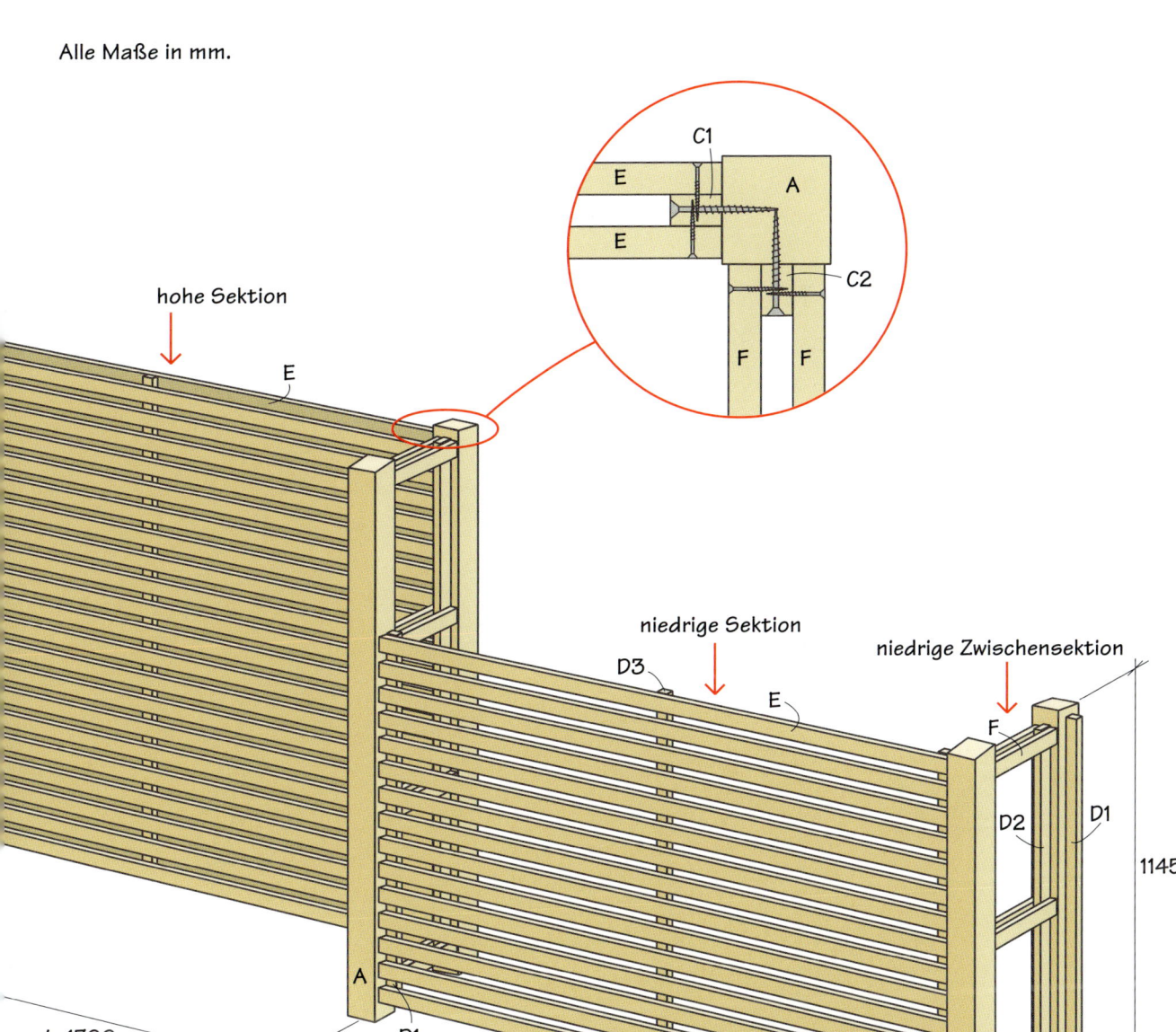

hohe Sektion

niedrige Sektion

niedrige Zwischensektion

Dafür zwei dünne Leisten zuschneiden. An jede der Leisten werden 21 Schrauben (hohe Sektionen) bzw. 15 Schrauben (niedrige Sektionen) angeschraubt. Die oberste Schraube soll auf der obersten Latte E aufliegen, die übrigen unter den restlichen E.

Die Schablonen mit der obersten Schraube auf die oberste Latte E hängen, die restlichen Latten nacheinander einlegen und anschrauben.

13. Die Latten C3 und D3 mittig an die fertig montierten E anschrauben.

14. Die Schablonen umdrehen und die andere Seite montieren. Danach die Schablonen in die nächste Sektion einhängen usw. Damit werden die Latten schnell und einfach in der richtigen Höhe montiert. Um einen offeneren optischen Eindruck zu vermitteln, werden die Latten an den niedrigen Sektionen nur an einer Seite angebracht.

15. Die Spalierleisten F an C2 und D2 anschrauben. Die oberen in Höhe der oberen E und die unteren in Höhe der unteren E anbringen. Die übrigen F gleichmäßig dazwischen verteilen.

Hängender Pflanzkasten

Dieser Kasten entstand aus dem Wunsch heraus, am gedeckten Tisch sitzen und das Essen mit frisch geernteten Kräutern direkt aus dem Pflanzkasten würzen zu können. Und als er dann fertig war, kamen wir auf den Gedanken, ihn auch als Getränkekühler zu nutzen. Unsere Gäste zum Mittsommerfest waren von der Idee hellauf begeistert.

Material

Außenpaneele, 16 × 145 mm, ca. 1,3 m:

    2 St. à 500 mm (A)

    2 St. à 145 mm (B)

Leisten, 21 × 34 mm, ca. 3,8 m:

    2 St. à 145 mm (C)

    3 St. à 468 mm (D)

    2 St. à 213 mm (E)

    2 St. à 536 mm (F)

    2 St. à 240 mm (H)

Bewehrungsstab, 8 mm Ø, ca. 1 m:

    2 St. à 450 mm (G)

Schrauben

Holzleim für den Außenbereich

Folie (Baufolie oder Müllsack)

Fassadenfarbe

Und so wird's gemacht

1. Die Teile A und B verleimen und verschrauben.

2. Die Leisten C 21 mm über der Unterkante von B anleimen und anschrauben.

3. Die Bodenbretter D gleichmäßig verteilt an den Leisten C anleimen und anschrauben.

4. Die Enden der Rahmenleisten E und F für die Montage bis zur halben Dicke aussägen. E und F verleimen, zusammenpressen und aushärten lassen.

5. Den Kasten mit der Folie auslegen. Die Ränder nach oben falten, damit der Kasten abgedichtet wird. Die Folie an der Oberseite von A und B antackern. Die Ränder rundum sauber abschneiden.

6. Den Rahmen E und F auflegen und anschrauben. (Um die Folie auszutauschen, den Rahmen einfach abschrauben.)

7. Eine Nut von 10 mm Breite und 10 mm Tiefe in die Leisten H fräsen. H vorbohren und an der Unterseite des Tisches anschrauben. Den richtigen Abstand zwischen den beiden H mit Hilfe des Kastens bestimmen.

8. Den Kasten mit Fassadenfarbe streichen.

9. Die Bewehrungsstäbe G in die Nuten von H schieben und den Kasten darauflegen.

10. Einige Wasserablauflöcher am Boden des Kastens in die Folie stechen.

Alle Maße in mm.

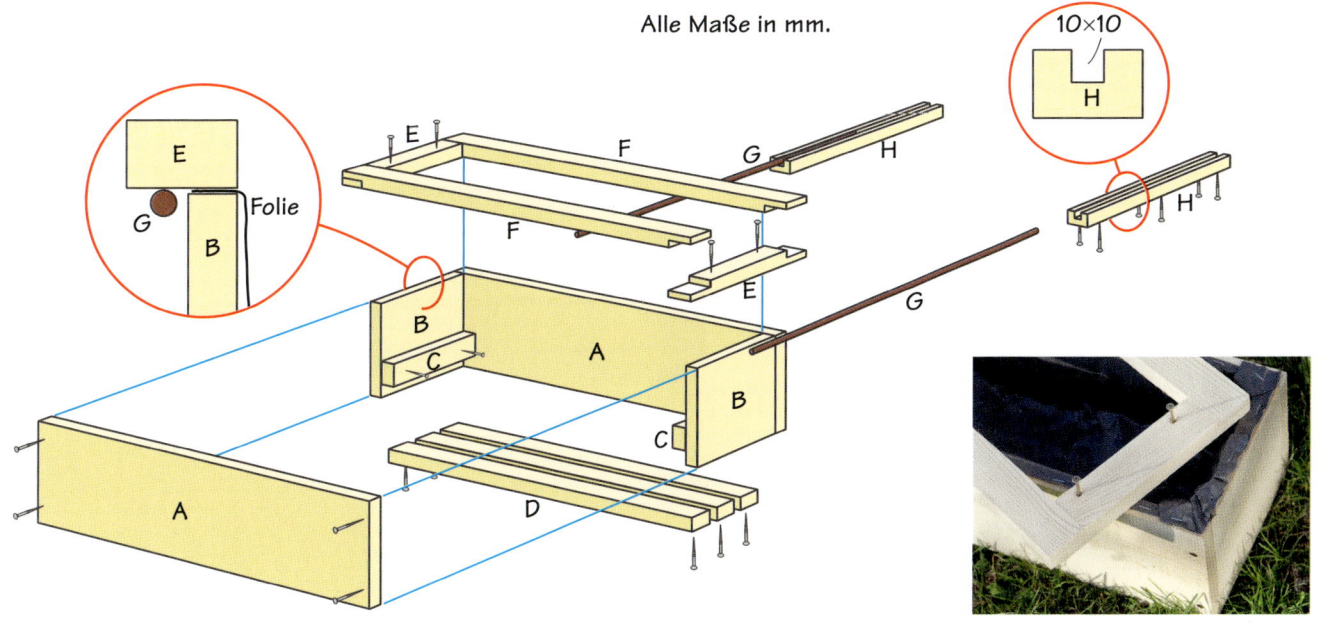

Waschgestell

Im Kontrast zum stressigen Alltag mit Arbeit, Schule, Fernsehen und Fast Food ist es wunderbar entschleunigend, im Freien zu kochen, abzuspülen oder sich draußen zu waschen. Viele Menschen führen im Sommer ein einfacheres Leben. All die kleinen praktischen Dinge des Alltags werden mit der nötigen Gelassenheit erledigt. Keine Zwänge, keine schwierigen Entscheidungen – außer vielleicht, welches Buch man sich nach dem Frühstück mit in die Hängematte nimmt.

Dieser Waschtisch gab mir endlich Gelegenheit, meine schöne alte Emaillesammlung in Szene zu setzen. Natürlich können Sie auch andere Gefäße verwenden. Stöbern Sie doch einmal auf dem Dachboden, gehen Sie auf den Flohmarkt, oder kaufen Sie etwas Neues, wenn Sie mögen.

Material

Kanthölzer, gehobelt, 21 × 45 mm, ca. 12,5 m:

    2 St. à 910 mm (A)

    2 St. à 1350 mm (B)

    4 St. à ca. 710 mm (D)

    4 St. à 408 mm (E)

    4 St. à 550 mm (F)

    2 St. à 465 mm (G)

Bretter, gehobelt, 21 × 70 mm, ca. 5 m:

    4 St. à 360 mm (C)

    2 St. à 140 mm (L)

    2 St. à 140 mm (N)

    5 St. à 550 mm (J)

Rauspund, 17 × 85 mm, ca. 6,2 m:

    6 St. à 550 mm (H)

    5 St. à 550 mm (K)

Außenpaneele, 21 × 120 mm:

    1 St. à 635 mm (M)

Rundstab, Ø 15 mm:

    1 St. à 450 mm (O)

Holzdübel, 8 × 40 mm: 32 St.

Schrauben

Drahtstifte

Holzspachtel

Holzleim für den Außenbereich

Holzversiegelung

Grundieröl

Außengrundierung, Außenlack

Und so wird's gemacht

1. Die Seitenbretter C sägen und zwei davon im Abstand von 610 mm auf eine ebene Unterlage legen. Parallel zueinander und auf gleicher Höhe ausrichten. Mit Zwingen fixieren.

2. Die Kanthölzer D auf C legen, einpassen und die Aussparungen für die Überblattung anzeichnen. Aussägen und ausstemmen.

3. D zu zwei Diagonalkreuzen zusammenlegen. D auf C auflegen und die Sägeschnitte zur Montage von D an C anzeichnen. D sägen.

4. Die Diagonalkreuze D verleimen, dabei auf den korrekten Winkel achten, damit D an C passt. Zusammenpressen und den Leim aushärten lassen.

5. Die Kreuze D mit Holzdübeln an die Seitenbretter C anleimen. Zusammenpressen und aushärten lassen.

6. Die Seitenbretter mit Holzdübeln an die Beine A und B leimen. Zusammenpressen und aushärten lassen.

7. Die Konsolen N aussägen. Aufeinanderlegen und das Loch für den Rundstab O bohren. Die Konsolen an einem der beiden Seitenteile an die Beine A und B leimen und schrauben. Die Konsolen mittig an den Beinen anbringen.

8. Die Leiste E an der Innenseite von C anleimen und anschrauben. Die Unterkanten von E und C müssen bündig sein. E ist länger als C und steht auf beiden Seiten gleich weit über.

9. Damit sind beide Seitenteile fertig. Die Seitenteile mit den vier F zusammenfügen. An E anleimen und anschrauben.

10. Die Bretter G an den Beinen B anleimen und anschrauben.

11. Die Paneele H an G anleimen und annageln. Das unterste und das oberste Brett längs auf Maß sägen.

12. Die Regalbretter J an E anleimen und annageln. Das vorderste und das hinterste Brett stehen einige Millimeter über F über. Die Bretter gleichmäßig verteilen.

13. Die Bretter K zu einer Scheibe verleimen. Entsprechend der Größe Ihrer Waschschüssel einen Kreis anzeichnen. Die Kontur mit der Stichsäge aussägen. Das Loch am besten vor der Montage der Scheibe K sägen, weil sonst die Seitenbretter C und die Paneele H im Weg sind.

14. Die Scheibe K anleimen und annageln. Sie soll ca. 10 mm über den vorderen Rand F überstehen.

15. Die Konsolen L aussägen und am oberen Ende der Beine B anleimen und anschrauben.

16. Das Bord M auflegen, anleimen und anschrauben. Das Bord soll ca. 5 mm über die Vorderkante der Konsolen überstehen. Der seitliche Überstand von M über die Konsolen L muss rechts und links gleich sein.

17. Den Rundstab O in die Konsolen N einschieben und einleimen. Er soll aus beiden Konsolen gleich weit herausragen.

18. Nach Bedarf spachteln und schleifen.

19. Astlöcher versiegeln.

20. Einmal mit Grundieröl behandeln und trocknen lassen.

21. Einmal streichen und zweimal lackieren.

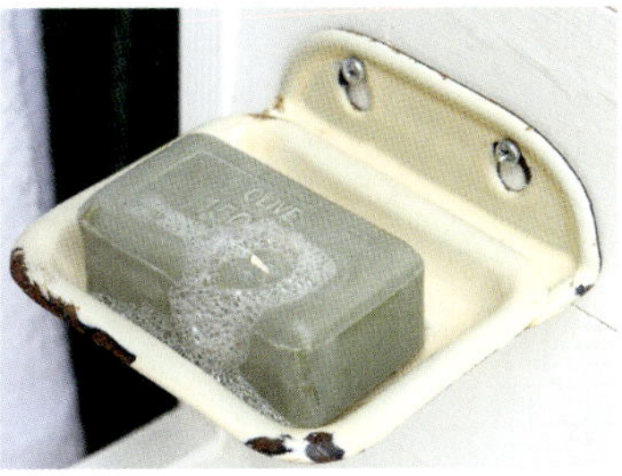

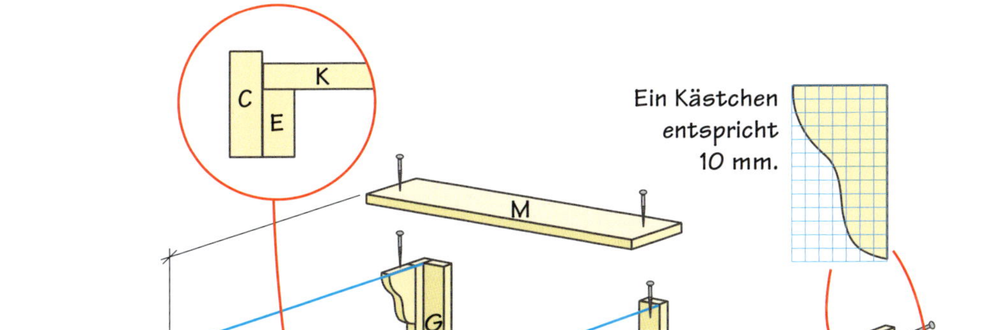

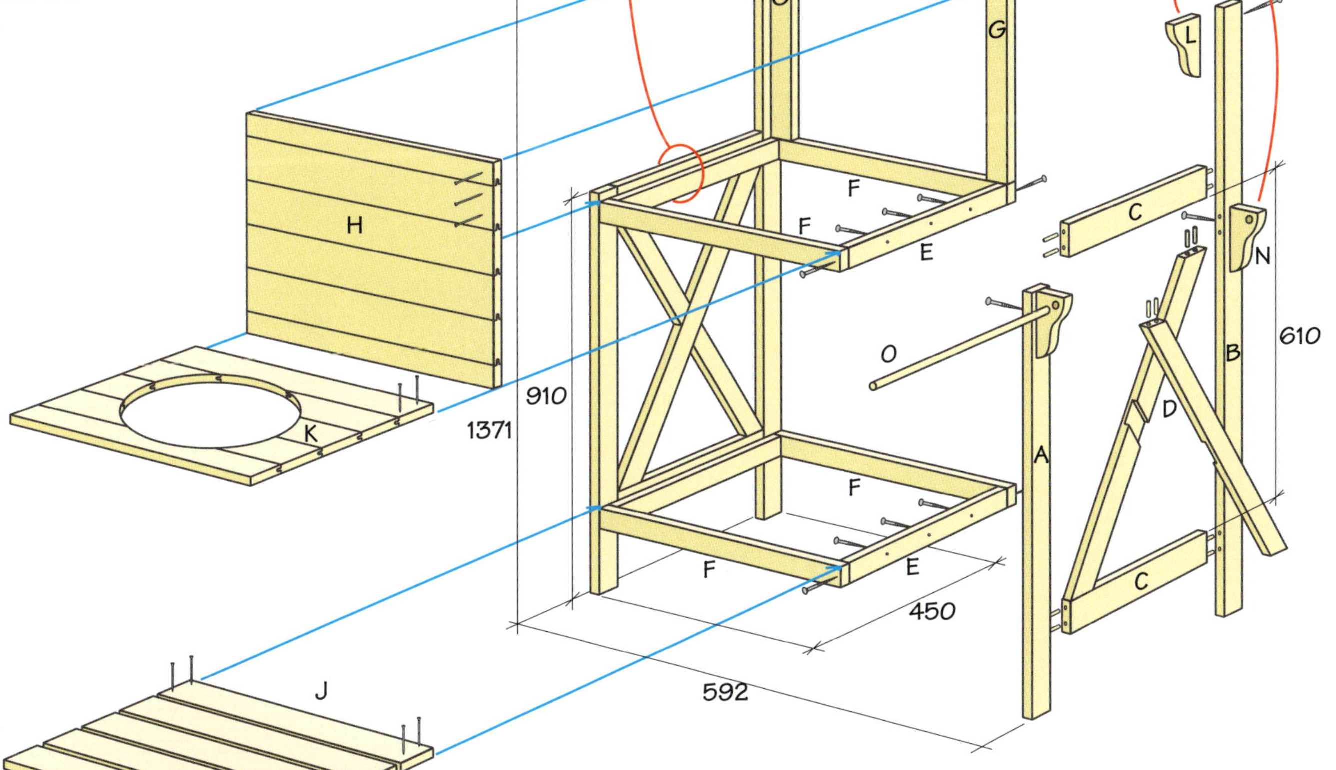

Ein Kästchen entspricht 10 mm.

Alle Maße in mm.

Kleines Wandspalier

Das Material für dieses Spalier war äußerst preiswert: ungehobelte Leisten,
Bewehrungsstäbe und variable Borde für Kleinkram und Blumentöpfe. Mit seinen ausgefallenen,
etwas rostigen Fundstücken und grazilen Kletterpflanzen wirkt es wie ein originelles Stillleben.

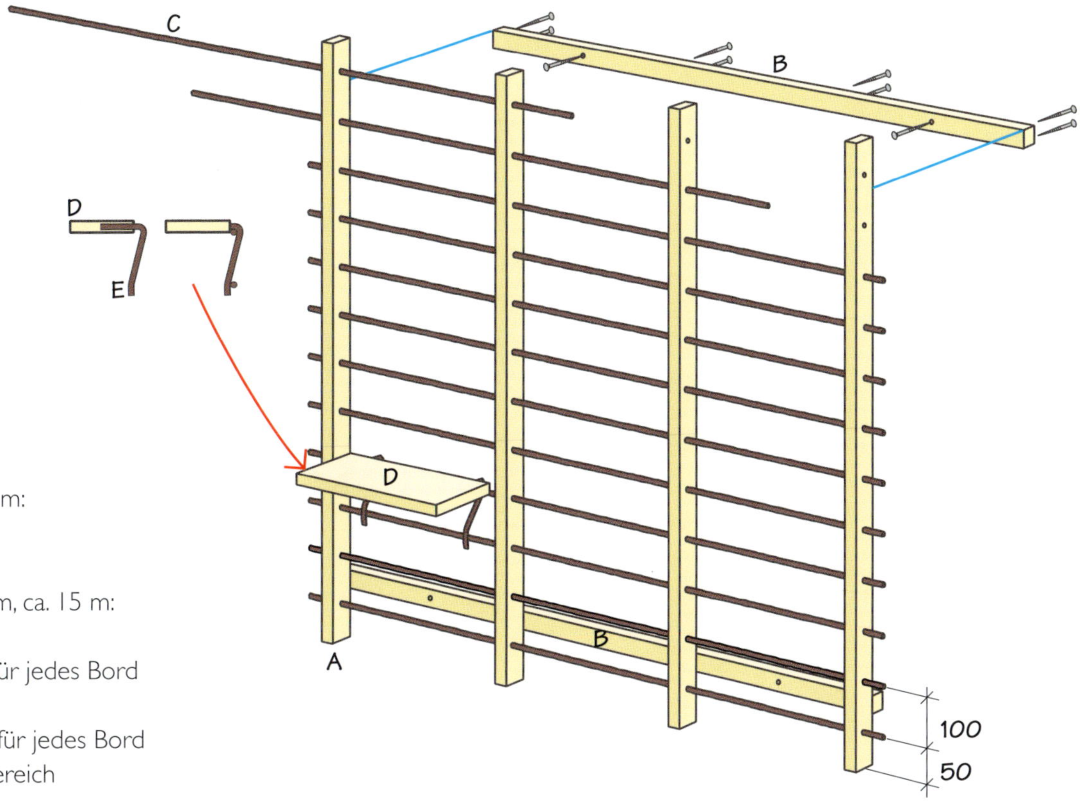

Material

Leisten, 22 × 34 mm, ca. 7 m:
    4 St. à 1200 mm (A)
    2 St. à 1000 mm (B)
Bewehrungsstäbe, Ø 8 mm, ca. 15 m:
    12 St. à 1200 mm (C)
    2 St. à 220 mm (E) – für jedes Bord
Bretter, 22 × 120 mm
    1 St. à 290 mm (D) – für jedes Bord
Holzleim für den Außenbereich
Fassadenfarbe
Schrauben

Alle Maße in mm.

Und so wird's gemacht

1. In alle Bretter A Löcher für die Bewehrungsstäbe C bohren. Die Stäbe C sollen mühelos durch die Löcher passen.

2. Die Leisten B vorbohren und an den Rückseiten von A anleimen und anschrauben.

3. Das Holz vor dem Einsetzen der Stäbe C streichen.

4. Alle Stäbe C einschieben.

5. Befestigungslöcher in B bohren und das Spalier an der Wand befestigen.

6. Zwei tiefe Löcher in die Rückseite des Bordes D bohren. Die Bewehrungsstäbe E sollen fest in den Löchern stecken.

7. Das Holz vor dem Einsetzen der Stäbe E streichen.

8. E biegen, am besten im Schraubstock. Durch Probieren den besten Winkel ermitteln, damit die Borde waagerecht hängen.

9. Die Bewehrungsstäbe E in das Bord D einpressen oder einschlagen.

Truhe für Sitzauflagen

Früher wanderten alle Kissen und Sitzauflagen unserer Garten- und Terrassenmöbel bei Regenwetter oder am Abend in einem Haufen hinter das Wohnzimmersofa. Ein unhaltbarer Zustand!

Nun gibt es zwar praktische, wasserdichte Plastikboxen für wenig Geld zu kaufen, aber die hätten nicht zu unserem Wohnstil gepasst. Und die schönen, edlen Holztruhen, die auch einen Regenschauer vertragen, sind teuer – zumal wir zwei benötigten.

Also bauten wir eine Holztruhe, lang genug, um zwei der praktischen Plastikboxen darin verschwinden zu lassen, mit zusätzlichem Platz für ein paar Pflanztöpfe. Und wir bekamen obendrein eine gemütliche Bank vor dem Fenster, auf der wir sitzen und neue Ideen schmieden können.

Material

Nut- und Federbretter, gefast, 21 × 120 mm, ca. 42 m:

    12 St. à 2950 mm (A)

    12 St. à 520 mm (B)

Außenpaneele, 21 × 95 mm, ca. 9,5 m:

    10 St. à 640 mm (C)

    2 St. à 1353 mm (F)

Kanthölzer, 45 × 45 mm, ca. 2,2 m:

    2 St. à 520 mm (D)

    2 St. à 500 mm (E)

Außenpaneele, 21 × 70 mm, ca. 28 m:

    6 St. à 610 mm (G)

    16 St. à 1500 mm G)

Außenpaneele, 21 × 45 mm, ca. 4,5 m:

    8 St. à 552 mm (H)

Holzschrauben

Holzleim für den Außenbereich

Scharniere: 4 St.

Fassadenfarbe

Plastikbox für Sitzauflagen

Und so wird's gemacht

1. Die obere Feder der obersten Bretter A und B abtrennen.

2. Zwei Ständer C zurechtlegen und die Bretter B für ein Seitenteil darauflegen. Die Ständer C sollen seitlich so weit über B überstehen, wie A dick ist. Nach unten sollen C ca. 20 mm über B überstehen. Die Teile verleimen und verschrauben.

Es werden nur die Bretter B mit C verleimt, jedoch nicht B miteinander. Die Schrauben von der Innenseite der Truhe her eindrehen. Das andere Seitenteil in gleicher Weise montieren.

3. Die Bretter für Vorder- und Rückwand genauso montieren. C muss so weit überstehen, wie C dick ist. Die mittleren C noch nicht montieren.

4. Die Seitenteile mit Vorder- und Rückwand verleimen und mit langen Schrauben (80 mm) sichern.

5. Die Mitte der Vorder- und Rückwand ausmessen, dort die Kanthölzer D anleimen und mit langen Schrauben von A her befestigen. Die Kanthölzer E ebenfalls anleimen und anschrauben.

6. Die mittleren Ständer C anleimen und von der Innenseite der Truhe aus (neben E) anschrauben.

7. Die Bretter F an der Truhenrückwand zwischen den Ständern C anleimen und anschrauben.

8. Alle G lose auflegen. Der Abstand zwischen den beiden mittleren G beträgt 5 mm.

9. Die Deckelpaneele J gleichmäßig verteilt anleimen und anschrauben. In der Mitte einen Spalt von 5 mm zwischen den beiden Deckeln lassen. Vorn und an den Seiten sollen J einige Millimeter über G überstehen.

10. Die Deckel umdrehen und die Leisten H anleimen und anschrauben.

11. Die Deckel wieder wenden und mit je zwei Scharnieren befestigen, die an der Leiste H und am Brett F angebracht werden.

12. Die unteren Enden von C einölen und trocknen lassen. Zweimal mit Fassadenfarbe streichen.

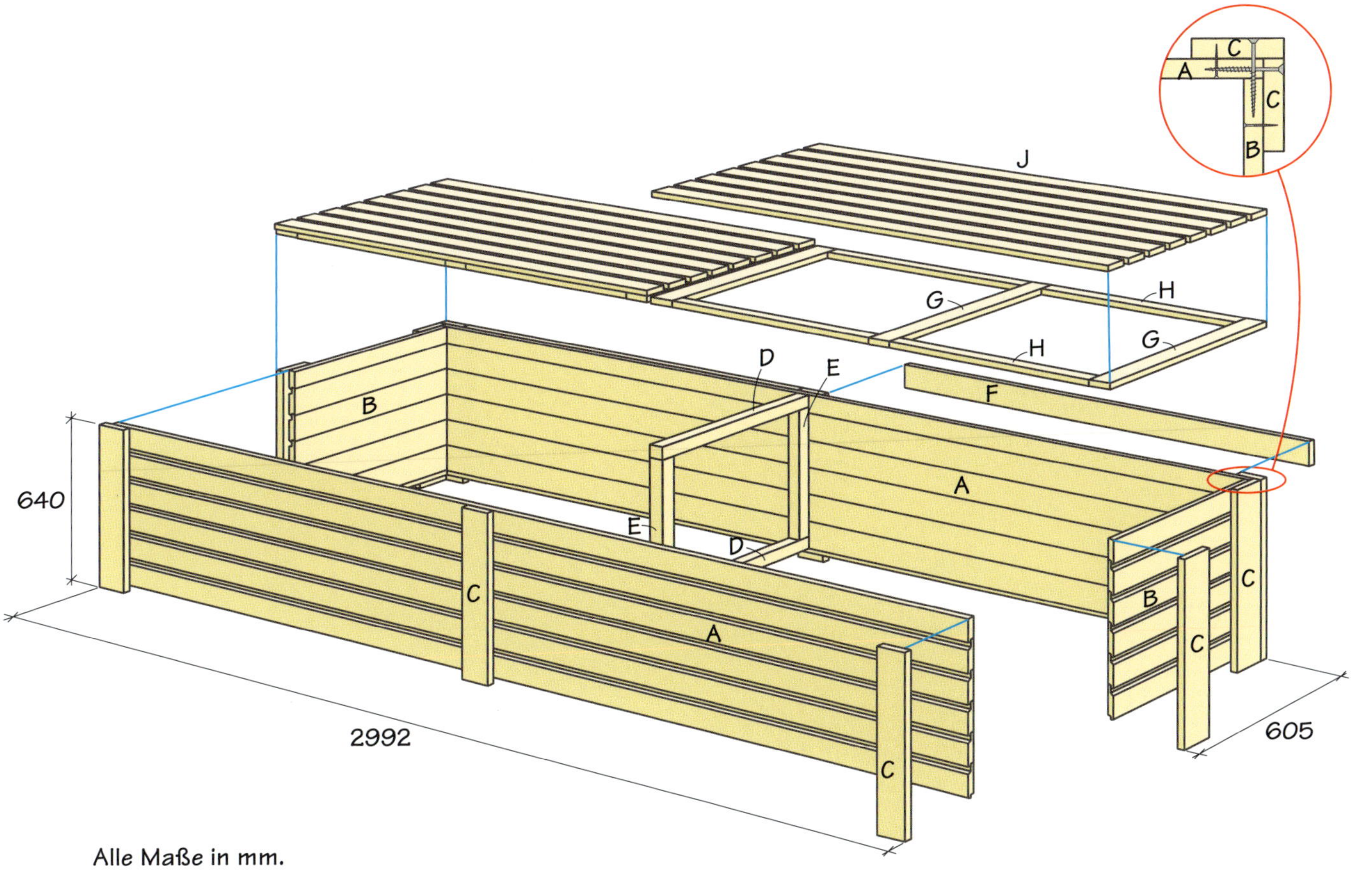

C
A
C
B
J
G
H
H
G
D
E
B
E
D
F
A
640
B
C
A
C
B
C
C
2992
605

Alle Maße in mm.

Bank mit Fahrradständer

Auf den ersten Blick etwas ungewöhnlich, ist diese Bank dennoch ein Lieblingsstück.

Ihre Besitzerin wohnt nämlich in einem kleinen Häuschen an der Straße mit einem sehr schmalen

Gehsteig davor. Wie soll man da gleichzeitig Platz für eine Bank und einen Fahrradständer finden?

170

A

80° D D

B

F

A

190

45

D D

B

D E E

E E

C C

Radius 70 mm

D E E

C

C

G

G

80° G

Radius 55 mm

G

55

Radius 15 mm

190

340

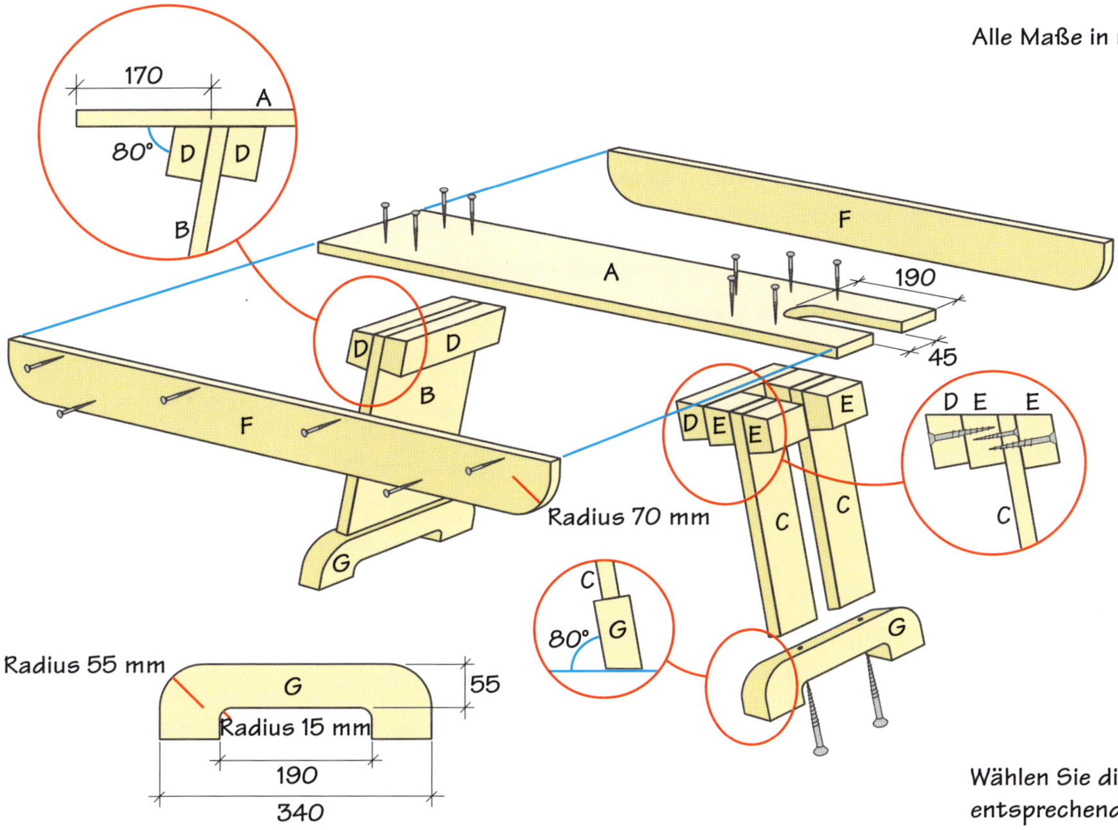

Wählen Sie die Maße entsprechend der Reifendicke Ihrer Fahrräder.

Material

Außenpaneele, 22 × 195 mm, ca. 1,5 m:

  1 St. à 1000 mm (A)

  1 St. à 380 mm (B)

Außenpaneele, 22 × 95 mm, ca. 3 m:

  2 St. à 380 mm (C) – auf 75 mm Breite sägen

  2 St. à 1000 mm (F)

Kanthölzer, 45 × 70 mm, ca. 1 m:

  3 St. à 195 mm (D)

  4 St. à 75 mm (E)

Kanthölzer, 45 × 95 mm, ca. 0,7 m:

  2 St. à 340 mm (G)

Holzleim für den Außenbereich

Schrauben

Spachtelmasse

Lack für den Außenbereich

Da der Fußweg etwas abschüssig ist, haben wir die Füße abgeschrägt, sodass die Bank gerade steht.

Und so wird's gemacht

1. Den Spalt für den Fahrradständer in das eine Ende des Sitzbrettes A sägen.

2. Die Kanthölzer D und E entlang der einen schmalen Längsseite im Winkel von 10° sägen. Danach auf die benötigte Länge sägen.

3. Die Teile B und C für die Beine an einem Ende im Winkel von 10° sägen.

4. Das äußere Kantholz D am Bein B anleimen und anschrauben. Danach das innere Kantholz D anleimen und anschrauben.

5. Die Teile C, E und D leimen und verschrauben. Die Klötzer sind so kurz, dass sie vorgebohrt werden müssen, damit sie nicht reißen.

6. Das Sitzbrett A mit der gehobelten Seite nach oben an den Beinen anleimen und anschrauben.

7. Die Rundungen an den Enden der Zargen F aussägen. F an A, E und D anleimen und anschrauben.

8. Die Füße G z.B. mit der Stichsäge aussägen und schleifen.

9. Die Unterseite der Füße im Winkel von 10° abschrägen.

10. G vorbohren und an B bzw. C anleimen und anschrauben.

11. Die Schraubenköpfe überspachteln und überschleifen.

12. Zweimal mit Außenlackfarbe streichen.

Tische und Sitzbänke

Wir haben schon viele Bänke und Tische gebaut, für uns und für andere, aber immer waren sie länglich. Jetzt wollte ich gern einen quadratischen Tisch, weil er ein besseres Gemeinschaftsgefühl vermittelt.

Die Bänke sollten Zweisitzer sein, damit man nicht immer über seinen Nachbarn steigen muss, wenn man einmal aufstehen möchte. Das Ergebnis sehen Sie hier. Jetzt fehlen nur noch die blauweiß gestreiften Sitzauflagen. Hoffentlich schaffe ich es, sie noch vor dem Herbst zu nähen.

Quadratischer Tisch

Material

Kanthölzer, 4-seitig gehobelt, 70 × 70 mm, ca. 3,6 m:
  4 St. à 740 mm (A)
  4 St. à 140 mm (C)
Kanthölzer, 4-seitig gehobelt, 45 × 70 mm, ca. 4,3 m:
  4 St. à 1040 mm (B)
Kanthölzer, 4-seitig gehobelt, 45 × 45 mm, ca. 3,9 m:
  4 St. à 120 mm (D)
  3 St. à 1080 mm (E)
Bretter, 4-seitig gehobelt, 34 × 145 mm, ca. 10,5 m:
  4 St. à 1216 mm (F)
  6 St. à 910 mm (G)
Holzdübel, 8 × 40 mm: 16 St.
Montagewinkel: 10 St.
Beschlagschrauben
Schrauben: 110 mm, 90 mm und 56 mm
Holzleim für den Außenbereich

Und so wird's gemacht

Die Beine A und die Zargen B mit Holzdübeln zu zwei Beinpaaren verleimen. B um 5 mm eingerückt an A anbringen. Zusammenpressen und aushärten lassen. Zum Zusammen-leimen benötigen Sie lange Leimzwingen. Diese können Sie sich selbst anfertigen, siehe Anleitung nächste Seite.

1. Die Beinpaare dann in gleicher Weise mit den beiden anderen B verbinden.

2. Die Teile C in Dreiecke halbieren. Diese vorbohren, in die Ecken einleimen und anschrauben, siehe Zeichnung.

3. Die Teile D mit Winkelbeschlägen an B anbringen.

4. Die Kanthölzer E mit Winkelbeschlägen an B sowie zwei von ihnen mit Leim und Schrauben an D befestigen.

5. Die Kantenbretter F an beiden Enden im Winkel von 45° sägen. Einleimen, zusammenfügen und mit Leimzwingen fixieren. Von unten her durch B, D und E hindurch anschrau-ben.

6. Mit dem 10-mm-Bohrer je ein ca. 10 mm tiefes Loch in die Ecken bohren. Je eine Schraube eindrehen und in der Bohrung versenken. Einen 10-mm-Holzdübel in das Loch einleimen. Nach dem Trocknen das Dübelende absägen und überschleifen.

7. Die Bretter G einleimen, auflegen und von unten her durch E hindurch anschrauben.

8. Oberflächenbehandlung, siehe S. 98.

Alle Maße in mm.

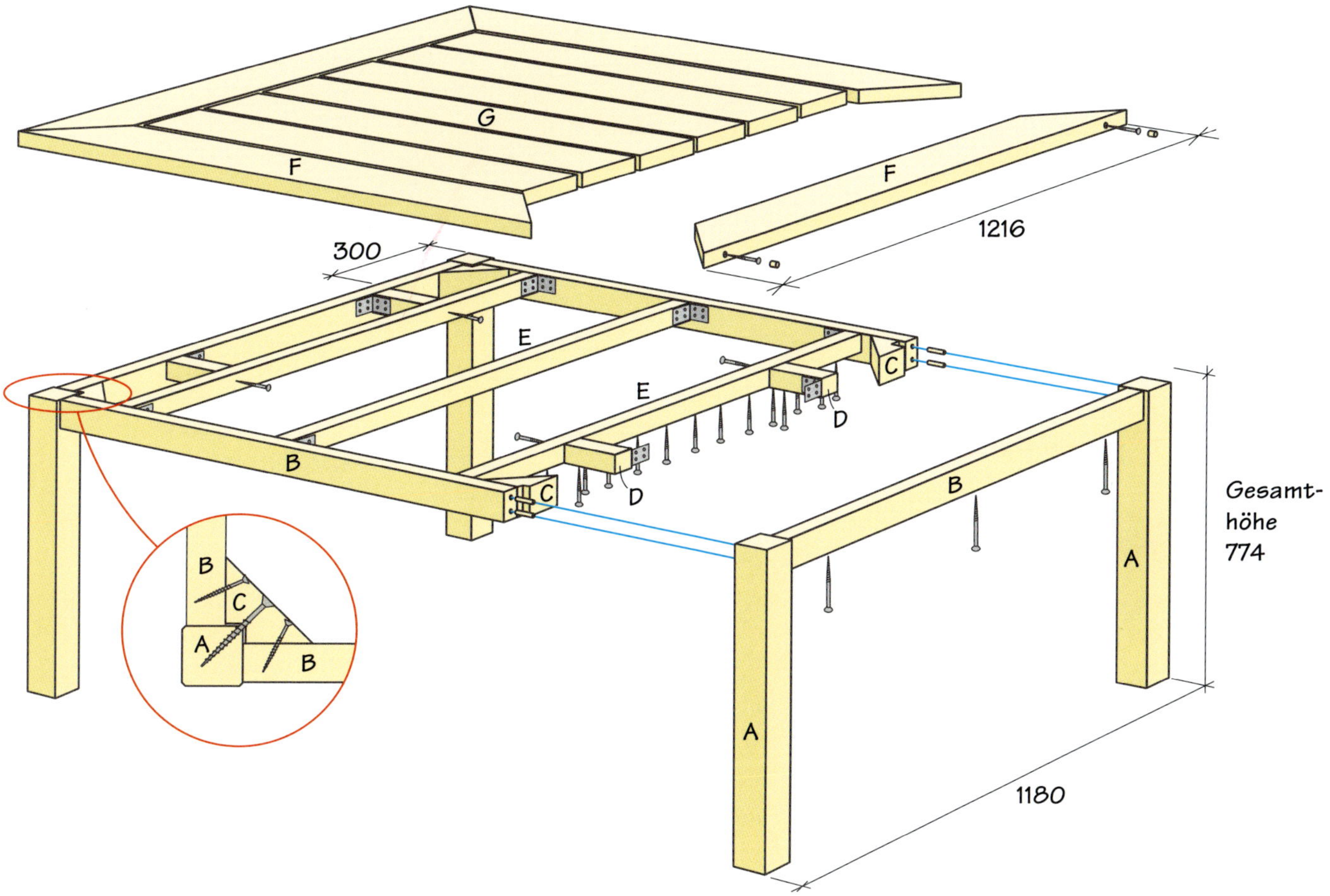

300

1216

E

E

B

C

D

D

C

B

B

A

A

Gesamt-
höhe
774

F

F

G

B
C
A
B

1180

A

Leimzwinge

Material

Kanthölzer, 4-seitig gehobelt, 45 × 70 mm, ca. 2,5 m:
    1 St. à 1650 mm (H)
    4 St. à 200 mm (J und K)
Nagelplatten: 4 St.
Beschlagschrauben

Und so wird's gemacht

1. Mit Hilfe der Nagelplatten je einen Klotz J an den Enden
des langen Kantholzes H anschrauben.
2. Zwei Klötze in vier Keile spalten (K).
3. Das Beinpaar (Beine A und Zarge B) in die Zwinge
einlegen. Die Keile einschlagen oder mit einer Zwinge
zusammendrücken.

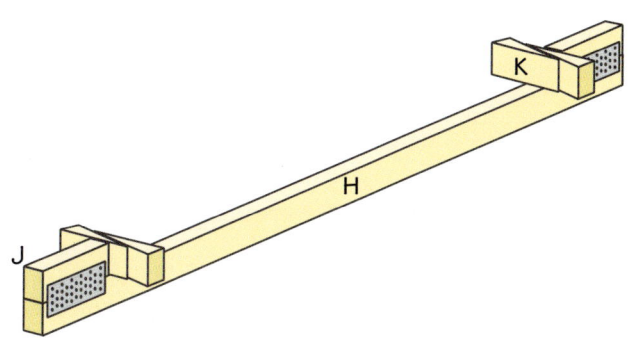

K

H

J

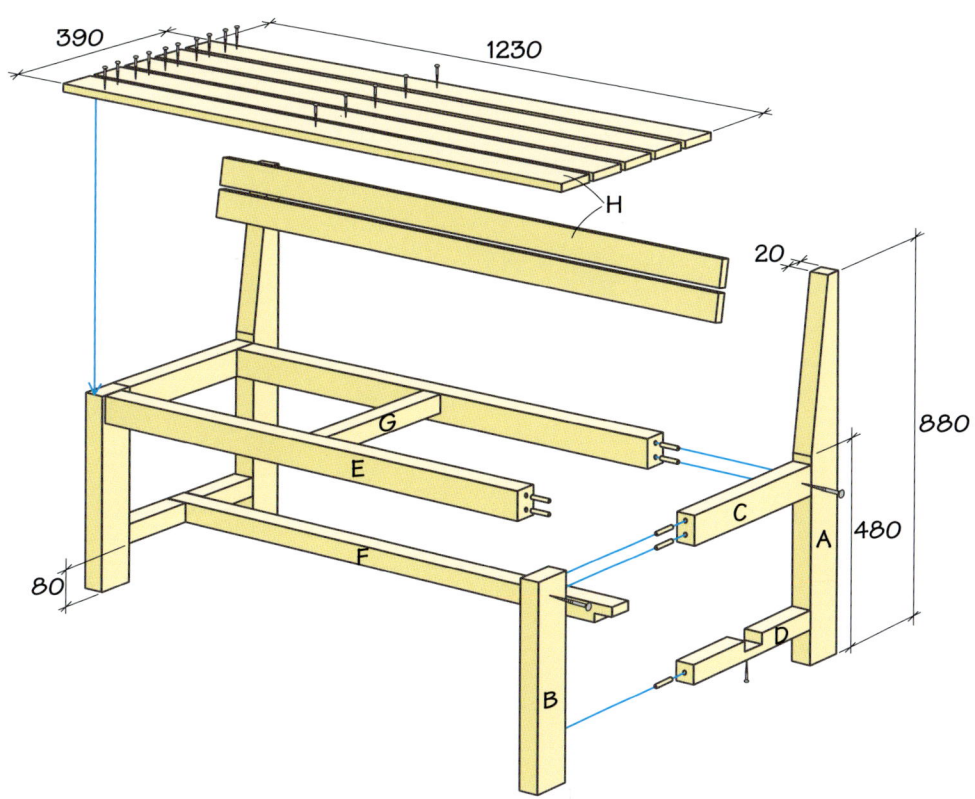

Sitzbänke

Anleitung für eine Sitzbank.

Material
Kanthölzer, 4-seitig gehobelt, 45 × 70 mm, ca. 5,5 m:
    2 St. à 880 mm (A)
    2 St. à 460 mm (B)
    2 St. à 310 mm (C)
    2 St. à 1000 mm (E)
Kanthölzer, 4-seitig gehobelt, 45 × 45 mm, ca. 1,8 m:
    2 St. à 310 mm (D)
    1 Sk. à 1090 mm (F)
Bretter, glatt gehobelt, 21 × 70 mm, ca. 8,7 m:
    7 St. à 1230 mm (H)
Holzdübel, 8 × 40 mm: 22 St.
Schrauben: 110 mm, 90 mm und 42 mm
Holzleim für den Außenbereich

Und so wird's gemacht
1. In den Seitenriegeln D und im Längsriegel F die Aussparungen für die Überblattungen aussägen und ausstemmen.
2. Die Beine A abschrägen (Neigung der Rückenlehne). Die Oberfläche glatt schleifen.
3. A, B, C und D mit Holzdübeln zu zwei Beinpaaren bzw. Seitenteilen verleimen. Zusammenpressen und den Leim aushärten lassen.
4. Die Dübellöcher für die Montage der Rahmenhölzer E und des mittleren Riegels G bohren: in beide Enden von E, B und C und in die Mitte der Längskante von E.
5. Den Mittelriegel G zwischen beide E einleimen, mit einer Zwinge fixieren und beide Seitenteile mit beiden E verleimen. Mit langen Schrauben durch B und C in E fixieren. Gleichzeitig F einleimen und mit Schrauben von unten durch D sichern.

Die fünf Sitzbretter H anleimen und anschrauben. Mit dem hintersten beginnen, dieses liegt an A an. Danach das vorderste, dieses steht 10 mm über die Vorderkante von B über. Die restlichen Bretter gleichmäßig verteilen.
6. Die beiden Bretter H für die Rückenlehne an A anbringen. Das obere soll 15 mm über A hinausragen.
7. Oberflächenbehandlung, siehe S. 98.

Oberflächenbehandlung

Material
Holzversiegelung
Grundieröl
Außengrundierung, Außenlack

Und so wird's gemacht
1. Alle Astlöcher mit Holzversiegelung vor
Ausbluten schützen.
2. Etwas Öl in eine Dose gießen und die
Holzbeine eine Zeit lang hineinstellen.
3. Das gesamte Möbelstück einölen und
trocknen lassen.
4. Einmal grundieren und zweimal lackieren.

Beistelltisch

Ein hübscher und praktischer Tisch, zusammenklappbar und Platz sparend.
Die Aufschrift verleiht ihm einen individuellen Charakter: Schablonen, Farbe und Pinsel
oder Schwamm zum Auftragen bekommen Sie im Bastelgeschäft. Wir haben uns
für einen Text entschieden, der eigentlich im Winter am besten passt. Dann steht das
Tischchen nämlich als Obst- und Gemüseregal in der Küche.

Material

Leisten, gehobelt, 21 × 34 mm, ca. 6 m:

    4 St. à 897 mm (A)

    2 St. à 620 mm (B1)

    2 St. à 572 mm (B2)

Leisten, gehobelt, 15 × 21 mm, ca. 1 m:

    2 St. à 470 mm (C)

Leisten, gehobelt, 15 × 70 mm, ca. 6,5 m:

    6 St. à 670 mm (D)

    2 St. à 470 mm (E)

    2 St. à 700 mm (G)

Leisten, gehobelt, 15 × 45 mm:

    1 St. à 700 mm (F)

Schrauben

Holzleim für den Außenbereich

Maschinenschrauben M5 mit Mutter und drei Unterlegscheiben: 2 St.

Schraubösen: 2 St.

Kette: ca. 390 mm

Außenspachtel

Holzversiegelung

Außengrundierung, Außenlack

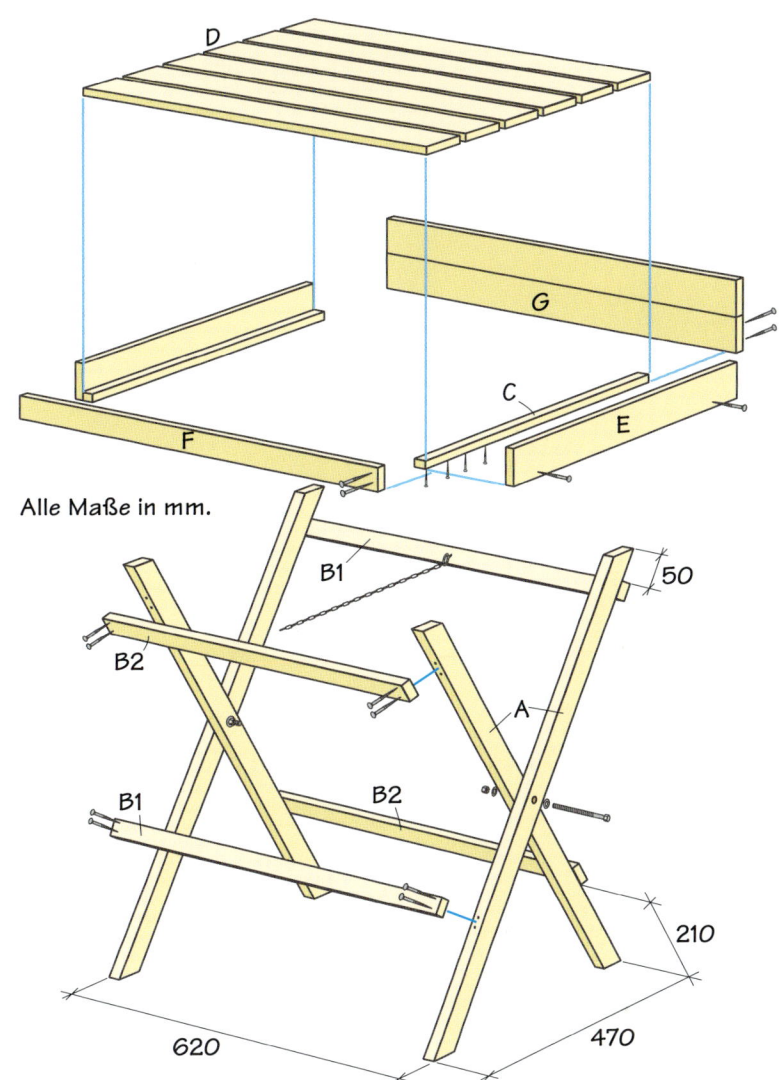

Alle Maße in mm.

Und so wird's gemacht

1. Die Leisten A grob zuschneiden. In die Mitte von A Löcher für die Maschinenschrauben bohren. Die Gesamtlänge von A messen und anzeichnen.

2. A paarweise verschrauben. Die Diagonalkreuze A auf eine flache Unterlage legen und den Winkel so öffnen, dass der Abstand zwischen den Längenmarkierungen an beiden Enden 470 mm beträgt. Ein Lineal quer darüber anlegen, die Säge-schnitte an den Beinenden anzeichnen und sägen.

3. Die Kreuze zusammenklappen und die Leisten B1 und B2 anleimen und anschrauben. Auf rechte Winkel achten. B1 und B2 vorbohren.

4. Die Leisten C an die Bretter D leimen und schrauben. Dafür C vorbohren und durch C in D schrauben. Die Bretter D gleichmäßig verteilen.

5. Zuerst die Rahmenhölzer E, dann F anleimen und anschrauben.

6. Die beiden Bretter G für die Rückwand verleimen. Zusammenpressen und den Leim aushärten lassen.

7. Die Rückwand G an E und D anleimen und anschrauben.

8. Die Maschinenschrauben aus A entfernen und das Gestell auseinandernehmen.

9. Die Schraubenköpfe an Tablett und Gestell überspachteln und überschleifen.

10. Alle Astlöcher versiegeln.

11. Grundieren, trocknen lassen und leicht überschleifen.

12. Zweimal lackieren.

13. Das Gestell zusammenschrauben. Dabei je eine Unterleg-scheibe zwischen die Beinpaare legen, damit die Farbe nicht abgewetzt wird.

14. Die Schraubösen innen an den oberen Leisten B1 und B2 einschrauben und die Kette einhängen.

15. Das Gestell aufklappen und das Tablett auflegen.

Gartentore

Ein Gartentor muss einladend aussehen. Nach unserem Geschmack sollte es in der Mitte etwas niedriger sein als an den Torpfosten. Ein hohes Tor macht eher einen abweisenden Eindruck und bevor man dort hindurchgeht, klettert man lieber über den Zaun. Hier zeigen wir zwei klassische schwedische Gartentore. Das eine ist etwas schwieriger zu bauen als das andere, aber beide sagen sie dasselbe: Willkommen bei uns!

Einfaches Tor

Material

Kanthölzer, 4-seitig gehobelt, 45 × 95 mm, ca. 3,5 m:
    2 St. à 1070 mm (A)
    2 St. à 540 mm (B)
Kantholz, 4-seitig gehobelt, 45 × 145 mm:
    1 St. à 540 mm (C)
Leisten, 22 × 45 mm, ca. 9 m:
    16 St. in verschiedenen Längen (D)
Leisten, 22 × 22 mm, ca. 1,3 m:
    6 St. à 200 mm (E)
Holzdübel, 12 mm Ø – erhältlich als Stäbe von 600 mm Länge:
    12 St. à 100 mm
Holzdübel, 8 × 40 mm: 12 St.
Schrauben, Drahtstifte
Holzleim für den Außenbereich
Torbänder: 2 St.
Schlossgarnitur

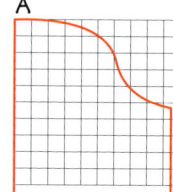

Und so wird's gemacht

1. Ein Quadrat von 540 × 540 mm auf eine Hartfaserplatte o.ä. aufzeichnen. Eine Lage Leisten D im Winkel von 45° zum Quadrat darauf auslegen. Die Leisten im Abstand von 45 mm auslegen (Abstandshalter verwenden). Die nächste Lage Leisten um 90° versetzt in gleicher Weise auflegen. Alle Teile müssen über das angezeichnete Quadrat hinausragen.

Alle Maße in mm.

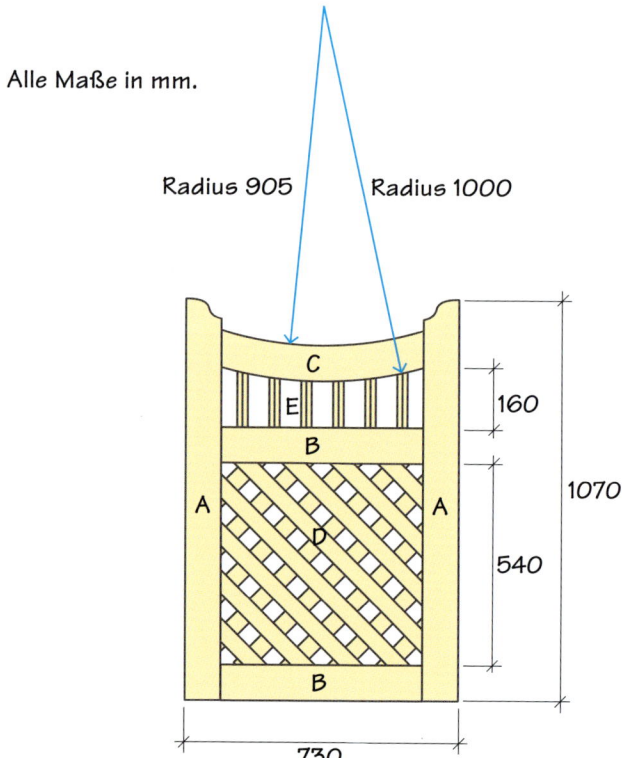

Radius 905   Radius 1000

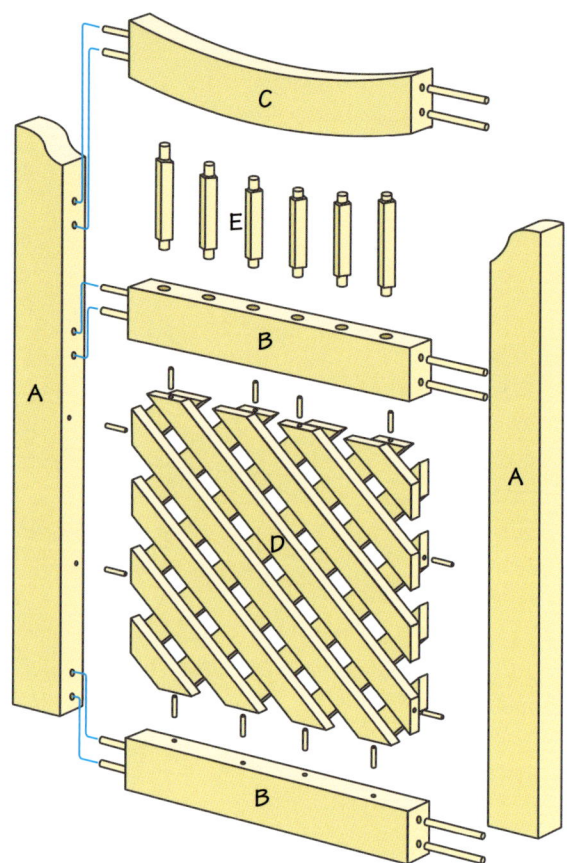

2. Die Leisten verleimen und jeden Schnittpunkt mit einem Drahtstift fixieren. Keinen Drahtstift genau über der angezeichneten Linie des Quadrats einschlagen. Den Leim aushärten lassen.

3. Das Quadrat (540 × 540 mm) auf dem verleimten Leistengitter anzeichnen und aussägen.

4. Das obere Querholz C anzeichnen und mit der Stichsäge aussägen. Die Konturen von C genauso abfasen wie A und B.

5. Das obere Ende der Ständer A mit der Stichsäge aussägen, siehe Zeichnung. Ein Kästchen entspricht 1 cm.

6. In das obere B sowie in C Löcher für die Leisten E bohren. B und C im korrekten Abstand zueinander auslegen. E in geeignete Längen abmessen und sägen. An beiden Enden von E mit einem sehr scharfen Messer runde Zapfen schnitzen. B, C und E verleimen.

7. In das Gitter D Löcher für kleine Holzdübel bohren. Die Dübellöcher in beiden Querhölzern B anzeichnen und bohren.

8. D mit beiden B verleimen, zusammenpressen und aushärten lassen.

9. Die Löcher für die großen Holzdübel in den Enden von B und C sowie in A sehr genau ausmessen und bohren. Die Löcher für die kleinen Holzdübel in den Seiten von D und in A ausmessen und bohren. Alle Teile verleimen, zusammenpressen und aushärten lassen.

10. Oberflächenbehandlung, siehe folgende Seite.

11. Torbänder und Schlossgarnitur anbringen.

Doppeltor

Material
Kanthölzer, 4-seitig gehobelt, 45 × 95 mm, ca. 4 m:
    2 St. à 1000 mm (A)
    2 St. à 950 mm (B)
Außenpaneele, 22 × 95 mm, ca. 5,3 m:
    2 St. à 1740 mm (C)
    2 St. à ca. 900 mm (D)
Leisten, 22 × 45 mm, ca. 14 m:
    14 St. à 1000 mm (E)
Schrauben
Holzleim für den Außenbereich
Torbänder: 4 St.
Doppeltor-Überwurf (Schloss)
Bodenriegel

Und so wird's gemacht
Das Doppeltor wird im Ganzen gebaut und erst zum Schluss in zwei Torflügel geteilt.

1. In den Ständern A und B die Aussparungen für die Riegel C aussägen und ausstemmen.

2. A und B auf den Boden legen und beide Riegel C einlegen. Zwischen den beiden Ständern B eine Lücke von 10 mm lassen. Die Teile verleimen und verschrauben.

3. Den Rahmen umdrehen und die Diagonalstreben D in der richtigen Position darunterlegen. Die Sägeschnitte auf D anzeichnen und sägen.

4. Beide D müssen straff sitzend montiert werden. Leim auf die Kontaktflächen auftragen und D einlegen. Den Leim aushärten lassen.

5. Die Latten E anleimen und anschrauben (E etwas länger zuschneiden als das Endmaß).

6. Auf E einen geraden Sägeschnitt jeweils von A nach B anzeichnen und sägen.

7. Das Tor an den Torpfosten aufbocken und die Torbänder montieren.

8. Das Tor mit zwei Sägeschnitten durch C zwischen B in zwei Flügel trennen.

9. Oberflächenbehandlung, siehe unten.

10. Zwischen beiden Torflügeln einen Überwurf und an einem der Flügel einen Bodenriegel anbringen.

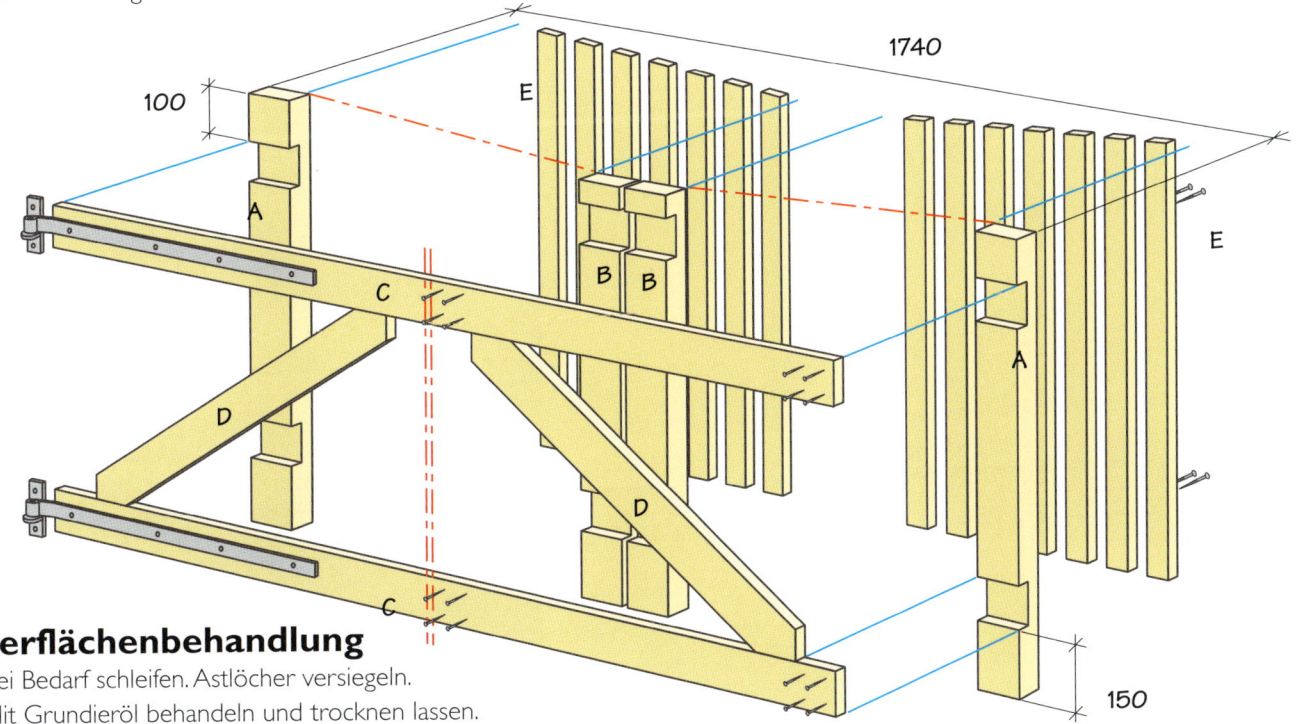

Oberflächenbehandlung
1. Bei Bedarf schleifen. Astlöcher versiegeln.
2. Mit Grundieröl behandeln und trocknen lassen.
3. Außengrundierung auftragen, trocknen lassen und leicht überschleifen.
4. Zweimal mit Außenlackfarbe streichen.

Alle Maße in mm.

Holzlaternen

Diese herrlichen, großen Laternen aus Holz und Glas mit überdachter Lüftungsöffnung und Eisengriff sind wahre Schmuckstücke für Haus, Terrasse und Garten. Zu Weihnachten und Neujahr stehen sie auf unserer Eingangstreppe im Schnee und heißen die Gäste willkommen. Tipp: Kaufen Sie große Wachskerzen in guter Qualität. Auf lange Sicht sind sie ihren Preis wert – sie tropfen nicht und halten länger.

Material für die kleinere Laterne

Leimholzplatte, 18 mm:
  2 St. à 230 × 230 mm (A)
  4 St. à 40 × 40 mm (C)
Leisten, gehobelt, 21 × 21 mm, ca. 3 m:
  8 St. à 148 mm (B)
  4 St. à 440 mm (D)
Leisten, gehobelt, 15 × 15 mm, ca. 1,2 m:
  2 St. à 396 mm (E)
  2 St. à 146 mm (F)
Feinblech:
  1 St. à 85 × 170 mm (G)
  1 runde Scheibe, 80 mm Ø (H)
Flacheisen, 4 × 20 mm:
  1 St. à 425 mm (J)
Glas, 3 mm:
  3 St. à 156 × 406 mm
  1 St. à 124 × 374 mm

Material für die größere Laterne

Leimholzplatte, 18 mm:
  2 St. à 265 × 265 mm (A)
  4 St. à 40 × 40 mm (C)
Leisten, gehobelt, 21 × 21 mm, ca. 4,2 m:
  8 St. à 183 mm (B)
  4 St. à 670 mm (D)
Leisten, gehobelt, 15 × 15 mm, ca. 1,7 m:
  2 St. à 626 mm (E)
  2 St. à 181 mm (F)
Feinblech:
  1 St. à 100 × 200 mm (G)
  1 runde Scheibe, 80 mm Ø (H)
Flacheisen, 4 × 20 mm:
  1 St. à 590 mm (J)
Glas, 3 mm:
  3 St. à 191 × 636 mm
  1 St. à 159 × 608 mm

Material für beide Laternen

Holzleim
Schrauben in verschiedenen Größen
Kleine Drahtstifte
Scharniere: 2 St.
Kassettenhaken
Fassadenfarbe

Die Zeichnung stellt die kleine Laterne dar. Die Arbeitsschritte sind für beide Laternen die gleichen.

Und so wird's gemacht

1. In die Leisten B und D mit dem Frässtahl je eine 6 mm tiefe Nut fräsen. Die Leisten so abmessen und zuschneiden, dass mehrere Leisten in einem Arbeitsgang gefräst werden können.
  Eine Nut in B2 und D1,
  zwei Nuten in D2,
  keine Nut in B1.
  Die Leisten auf Länge sägen.

2. Auf der Bodenplatte A1 und dem Deckel A2 die Diagonalen anzeichnen. Die Öffnung in A2 anzeichnen. Die kleinen Aussparungen für den Griff J betragen 20 × 4 mm. Die Öffnung mit der Stichsäge aussägen.

3. Die Positionen der Leisten B mit Hilfe der Diagonalen exakt anzeichnen.

4. Die Leisten B2 an A1 und A2 anleimen und annageln. Direkt in die gefräste Nut nageln (Versenker verwenden). B1 anleimen und annageln.

5. In A1 Löcher für die Eckleisten D bohren.

6. Von den Füßen C eine Ecke absägen, damit sie das Loch für D nicht verdecken.

7. C so anleimen und anschrauben, dass sie 4 mm über A1 überstehen. Die Schrauben versenken.

8. Das Blech H mit einem kleinen Drahtstift annageln.

9. Die Eckleisten D1 und D2 auf A1 aufschrauben. Nicht einleimen, damit später ein eventuell zerbrochenes Glas leichter gewechselt werden kann.

10. Das Flacheisen zum Griff J biegen. Es ist schwierig, die Biegung an die richtige Stelle zu bekommen. Daher ein längeres Eisen verwenden und nach dem Biegen auf Länge sägen.

11. Löcher in die Enden des Griffs J bohren und diesen an A2 anschrauben.

12. Die Schutzabdeckung G biegen.

13. Löcher in G bohren und das Blech an A2 anschrauben.

14. In den Deckel A2 Schraubenlöcher in Richtung der Eckleisten D1 und D2 bohren. Die Löcher ansenken.

15. In die Leisten E und F Falze für das Türglas fräsen.

16. Die Enden von E und F im Winkel von 45° abschrägen (Gehrungssäge). Den Türrahmen verleimen und verschrauben.

17. Alle Teile in der gewünschten Farbe streichen.

18. Die Glasscheiben zwischen die Eckleisten D einschieben.

19. Den Deckel A2 auflegen, anleimen und anschrauben.

20. Glasscheibe in den Rahmen E und F einlegen und mit kleinen Drahtstiften fixieren.

21. Scharniere an die Tür montieren und den Kassettenhaken anbringen.

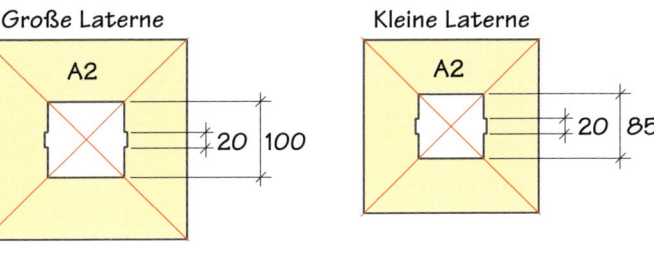

Große Laterne — A2 — 20 100

Kleine Laterne — A2 — 20 85

Alle Maße in mm.

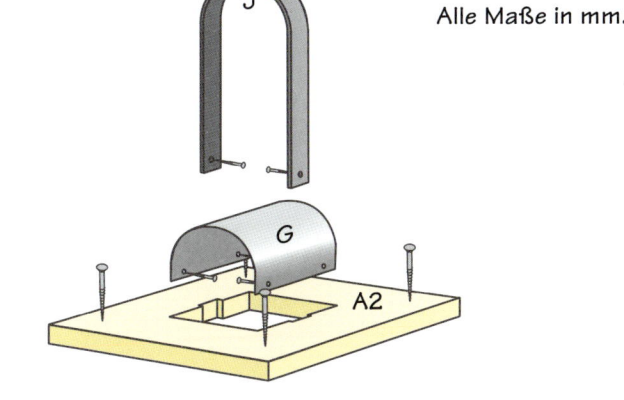

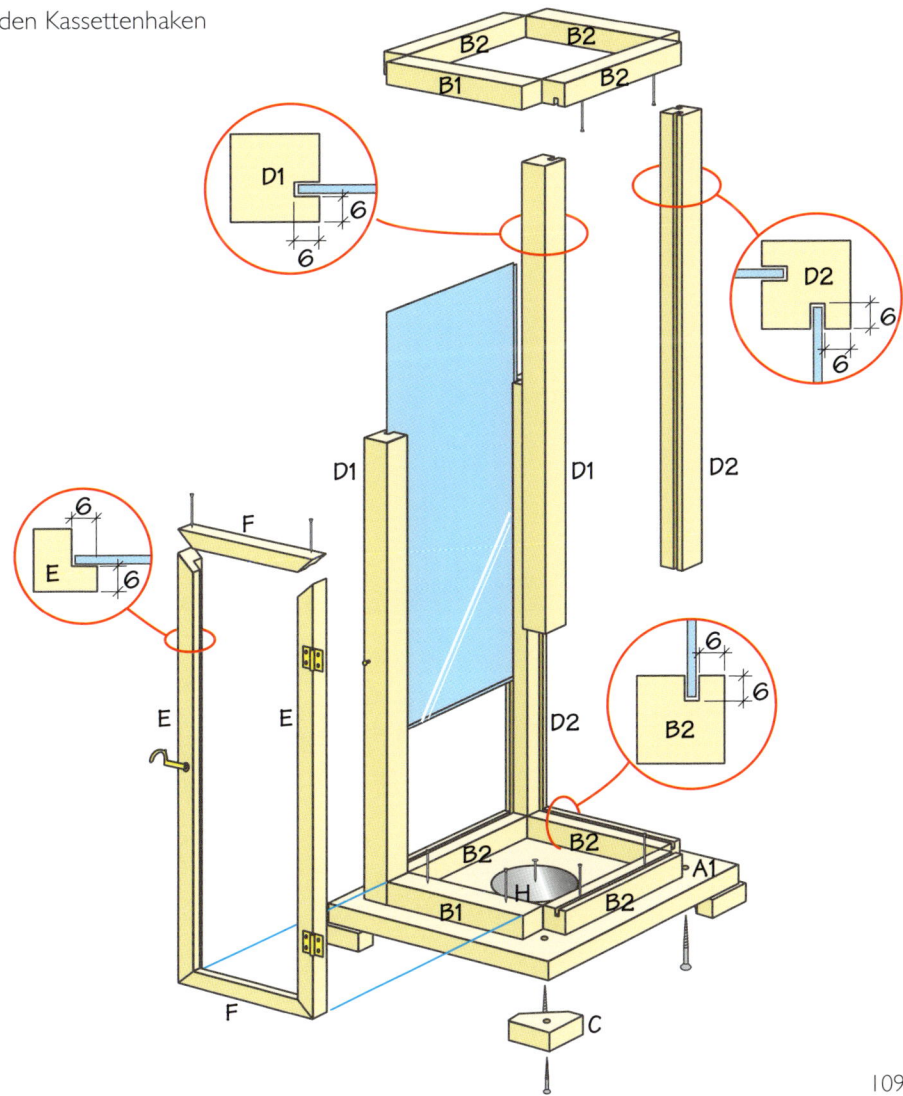

Cafétisch

Wir haben ihn so genannt, weil sein Vorbild in langen Reihen in einem Pariser Café steht.
Sein rustikaler südländischer Charme verführt förmlich dazu, den Käse und die Wurst
direkt auf der Tischplatte zu schneiden. Der Tisch wurde mit Eisenvitriol behandelt,
was ihm eine mit der Zeit immer schöner werdende, hellgraue Patina verleiht.

Material

Bretter, 4-seitig gehobelt, 45 × 170 mm, ca. 2,5 m:
    4 St. à 600 mm (A)
Kanthölzer, 4-seitig gehobelt, 45 × 70 mm, ca. 6 m:
    4 St. à 660 mm (B)
    4 St. à 420 mm (C)
    2 St. à 470 mm (D)
    1 St. à 600 mm (E)
Holzdübel, 12 × 95 mm (F) – erhältlich als Stäbe von 600 mm
Länge
Holzdübel, 8 × 40 mm: 24 St.
Schrauben, 4 × 100 mm: 20 St.
Holzleim für den Außenbereich
Eisenvitriol
Holzbeize, silbergrau

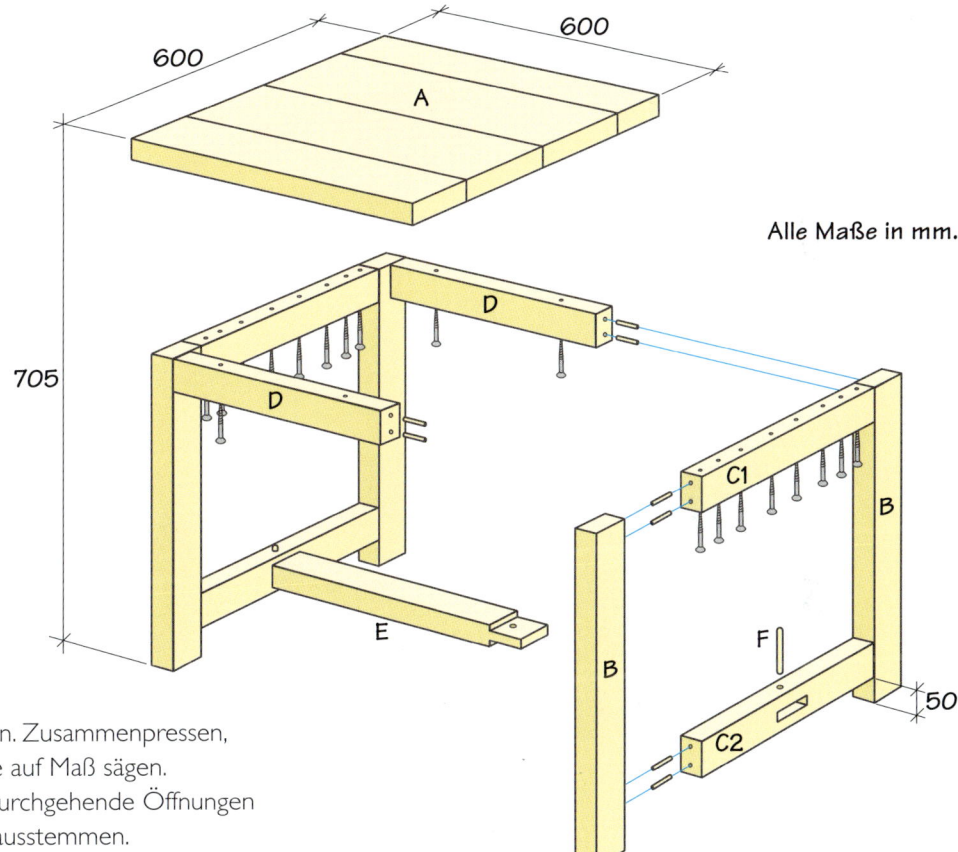

Alle Maße in mm.

Und so wird's gemacht

1. Die Bretter A sägen und verleimen. Zusammenpressen, Leim aushärten lassen und Tischplatte auf Maß sägen.

2. In die Mitte der Seitenriegel C2 durchgehende Öffnungen der Größe 20 × 70 mm bohren und ausstemmen.

3. An beiden Enden des Querriegels E Zapfen von 65 mm sägen. E muss genauso lang sein wie das Rahmenholz D, die Zapfen nicht mitgerechnet. Die Zapfen müssen durch C2 passen.

4. In die Beine B, Rahmen C1 und Seitenriegel C2 Dübel-löcher bohren. Die Teile zu zwei Beinpaaren dübeln und verleimen. Über die Länge der Diagonalen auf Rechtwinkligkeit prüfen. Zusammenpressen und den Leim aushärten lassen.

5. In B und D Dübellöcher bohren. Das Untergestell zusammenleimen. Dabei auch den Querriegel E einleimen. Diagonalen prüfen, zusammenpressen und den Leim aus-härten lassen.

6. Die Holzdübel F an beiden Enden rund schleifen. Mit einem 12-mm-Bohrer senkrecht durch C2 und die Zapfen von E bohren. F mit etwas Leim hineindrücken.

7. Die Tischplatte mit der Unterseite nach oben legen, das Gestell an der Oberseite einleimen und auf die Tischplatte legen. Die Tischplatte durch C1 und D anschrauben.

8. Die Ecken schleifen und abrunden.

9. Der Tisch kann natürlich auch auf die übliche Weise gestrichen werden. Wir haben jedoch eine Eisenvitriollösung gewählt, um dem Tisch von Anfang an einen leicht abgenutz-ten Charme zu verleihen. Hierfür werden 50 g Eisenvitriol und ½ Teelöffel silbergraue Beize in 1 Liter warmes Wasser gerührt. Den Tisch mit der Lösung streichen. Anfangs wird er etwas grünlich aussehen, aber wenn Sie ihn im Freien stehen lassen und etwas Geduld haben, geht der Farbton allmählich in ein schönes Hellgrau über.

Stapelbare Obstkisten

Mit ein paar schmucken Holzkisten in Reichweite macht die Apfel- oder Mohrrübenernte gleich vielmehr Spaß. Diese hier sind sogar stapelbar und damit äußerst Platz sparend. Im Winter sorgen sie für eine gute Belüftung der eingelagerten Äpfel.

Material

Außenpaneele, 16 × 95 mm, ca. 1,8 m:

    2 St. à 500 mm (A)

    2 St. à 370 mm (B)

Leisten, gehobelt, 21 × 21 mm, ca. 1 m:

    4 St. à 210 mm (C)

Leisten, 12 × 48 mm, ca. 3,5 m:

    8 St. à 400 mm (D)

Leisten, 21 × 34 mm, ca. 1,5 m:

    2 St. à 128 mm (E)

    1 St. à 542 mm (F)

    1 St. à 500 mm (G)

Schrauben

Drahtstifte

Holzleim für den Außenbereich

Außenfarbe

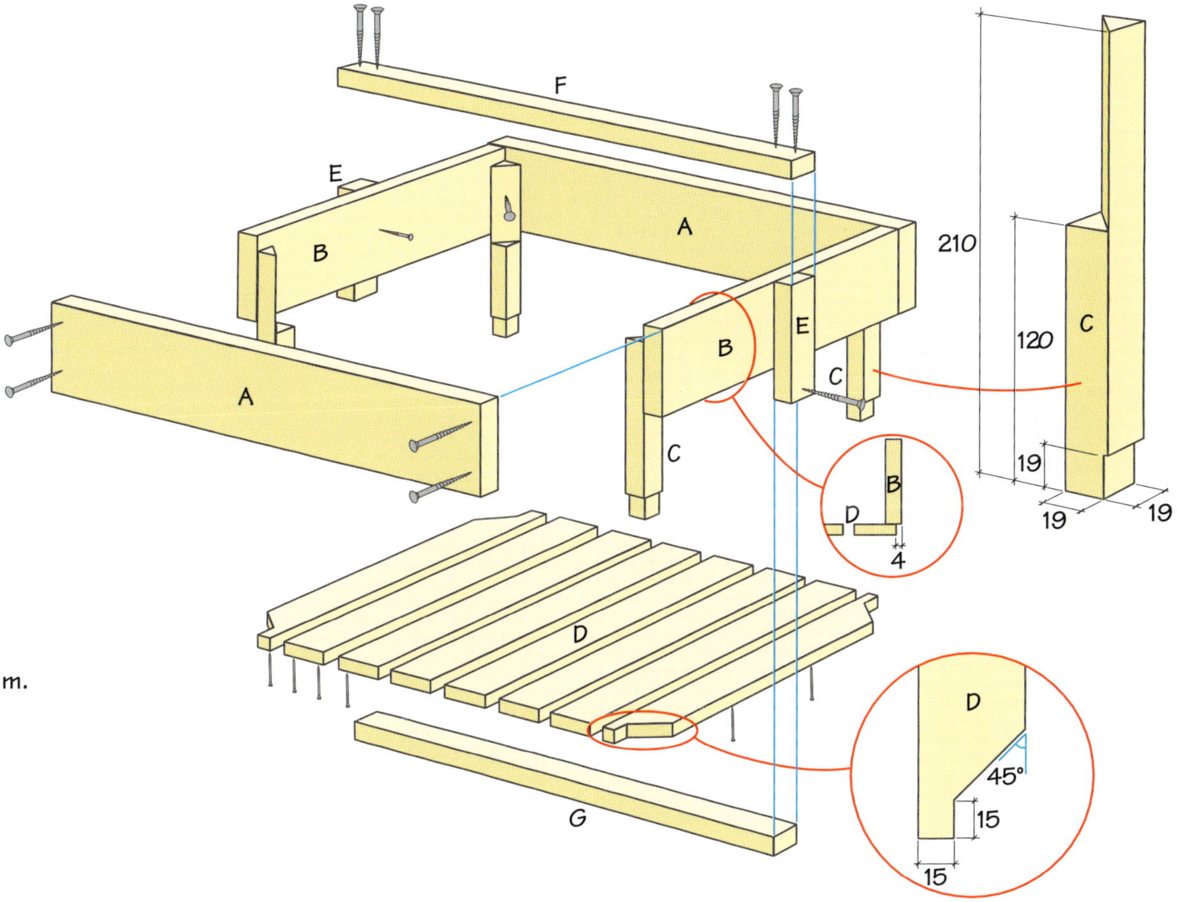

Alle Maße in mm.

Und so wird's gemacht

1. A und B verleimen und verschrauben (A vorbohren).

2. Die Beine C sägen, siehe Zeichnung.

3. Die beiden äußeren Bodenbretter D sägen, siehe Zeichnung. Sie liegen auf der Ecke auf, die in die Beine C gesägt wurde. Die beiden äußeren D so anleimen und annageln, dass die Beine C noch Platz finden. Achtung: Die äußeren D etwas unter B eingerückt anbringen.

4. Die vier Beine C anleimen und anschrauben.

5. Die restlichen Bodenbretter D gleichmäßig verteilt anleimen und annageln.

6. Die Leisten E, dann F und zum Schluss G anleimen und anschrauben.

7. Einmal streichen, z.B. mit Decklasur.

Pflanztisch oder Gartenküche

Was man mit viel Liebe, Zeit und Mühe gebaut hat, möchte man gern möglichst oft und vielfältig nutzen können. So wie zum Beispiel unseren großen, stabilen Pflanztisch. Mit einer Platte aus Zinkblech wird er bei Bedarf zur Gartenküche. Unsere Gäste mögen das genauso gern wie wir, denn so kann man schon bei der Zubereitung der Speisen miteinander plaudern. Oder wir kochen von vornherein gemeinsam mit dem Besuch – eine sehr angenehme Art, den Abend miteinander zu verbringen!

Material

Kanthölzer, 4-seitig gehobelt, 45 × 45 mm, ca. 20 m:

    4 St. à 1240 mm (A)

    6 St. à 590 mm (B)

    2 St. à 890 mm (C)

    2 St. à 1470 mm (D)

    4 St. à ca. 880 mm (E)

    2 St. à ca. 1400 mm (F)

Rauspund, 20 × 95 mm, ca. 31,5 m:

    8 St. à 1240 mm (G)

    5 St. à 1330 mm (H)

    7 St. à 1330 mm (J)

    3 St. à 1375 mm (O)

    2 St. à 650 mm (P)

Außenpaneele, 22 × 95 mm, ca. 1,5 m:

    2 St. à 690 mm (K)

Leisten, sägerau, 25 × 38 mm, ca. 1,8 m:

    2 St. à 175 mm (L)

    2 St. à ca. 190 mm (M)

    2 St. à 150 mm (N)

    2 St. à 120 mm (L1)

    2 St. à ca. 110 mm (M1)

    2 St. à 95 mm (N1)

Zinkblech, Stärke 0,5 mm:

    705 × 1465 mm

Winkelbeschläge: 12 St.

Beschlagschrauben

Holzleim für den Außenbereich

Schrauben in verschiedenen Größen

Fassadenfarbe

Und so wird's gemacht

Am besten gelingt der Bau mit einer Kapp- und Gehrungssäge.

1. Die Riegel A und B mithilfe der Winkelbeschläge zu zwei Rahmen mit Querriegel in der Mitte montieren.

2. Die Beine C und D mit langen Schrauben an den Rahmen anbringen.

3. Die Diagonalkreuze E an die Beine anhalten. Länge und Winkel von E exakt ausmessen. E auf Länge sägen. Das Diagonalkreuz wird durch Überblattung (bis zur halben Dicke der Riegel) gebildet. E wieder an die Beine anhalten und die Aussparungen anzeichnen. Dann die Aussparungen sägen und ausstemmen. Die Kreuze verleimen und an den Beinen anschrauben. Die Überblattung mit einer Zwinge fixieren, bis der Leim ausgehärtet ist.

4. Das Diagonalkreuz F für die Rückwand genauso montieren.

5. Den Rauspund G sägen. Das vorderste und das hinterste Brett auch in Längsrichtung sägen, sodass die gesamte Breite der Platte 680 mm beträgt (am einfachsten mit der Kreissäge). Die Bretter G auf den unteren Rahmen schrauben.

6. Den Rauspund H sägen. Das hinterste Brett auch in Längsrichtung sägen (Nut/Feder abtrennen). Die Bretter H auf den oberen Rahmen schrauben. Achtung: Lücken zwischen den Brettern lassen, damit sich kein Wasser zwischen Holz und Blech sammelt.

sparungen in L und N (L1 und N1) sägen. Diese über M (M1) legen und die Sägeschnitte an den Enden anzeichnen. M (M1) in L und N (L1 und N1) einleimen. Zusammenpressen und aushärten lassen.

10. Die Konsolen anleimen und von der Rückseite anschrauben.

11. Die Bretter P entsprechend der gewünschten Regalbreite auf Länge sägen. Das Regal P anschrauben.

12. Das vorderste und hinterste Brett für O auch in Längsrichtung glatt sägen (Nut/Feder abtrennen). Das Regal O anschrauben.

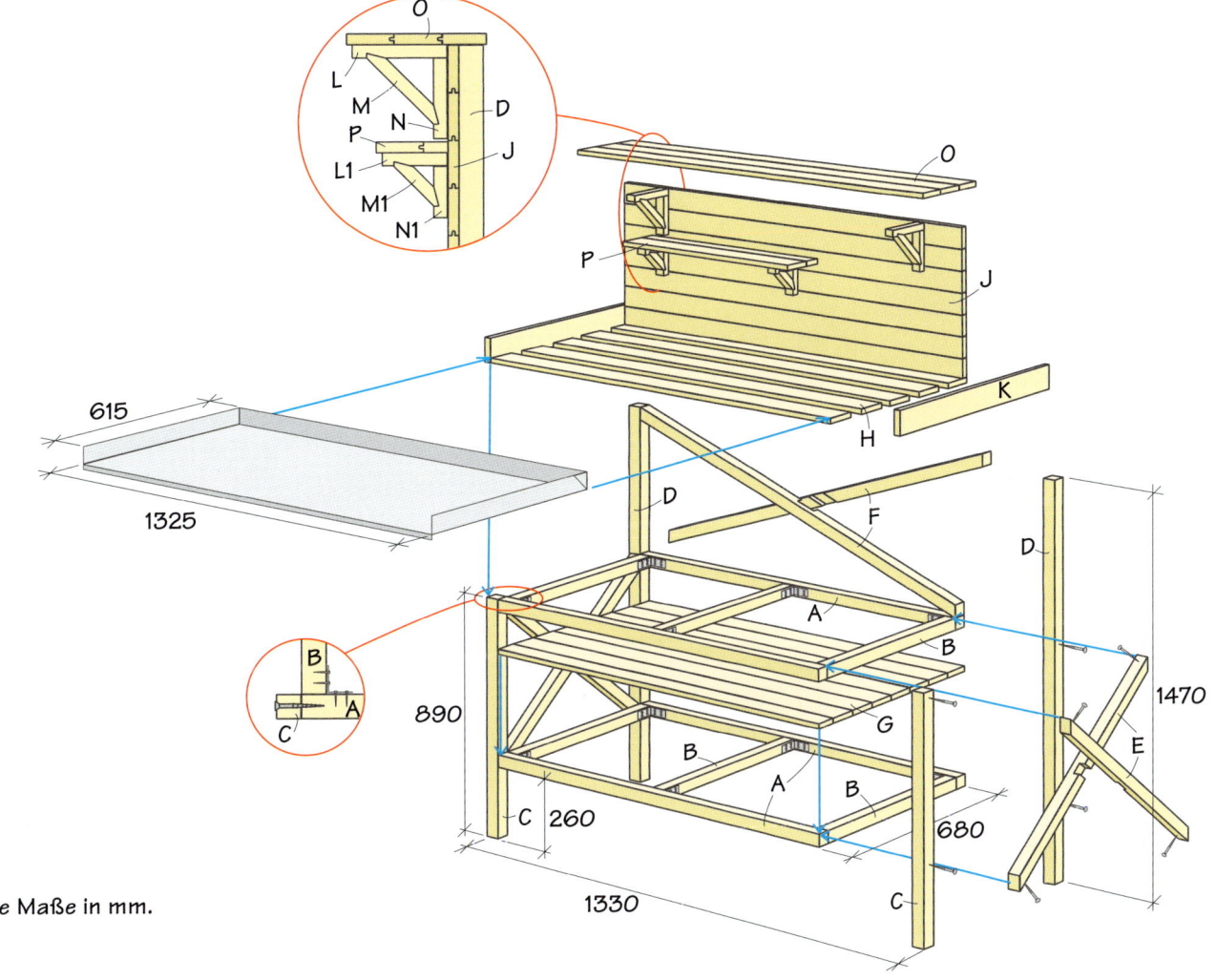

Alle Maße in mm.

7. Die Bretter J von unten nach oben anschrauben. Das oberste Brett in Längsrichtung bündig mit dem oberen Ende von D sägen.

8. Die Zarge K an beiden Seiten anleimen und anschrauben. K an H, J und D fixieren, jedoch nicht an B.

9. Die Leisten L und N (L1 und N1) verleimen und verschrauben. Die schräge Strebe M (M1) über die verleimten Leisten legen und die Aussparungen anzeichnen. Die Aus-

13. Nach Bedarf schleifen und spachteln. Die oberen vorderen Ecken der Zargen K nach Wunsch abrunden. Alle Astlöcher versiegeln. Streichen.

Das Blech selbst zurechtzubiegen ist schwierig, eine Metallbaufirma damit zu beauftragen, ist günstiger. Das Blech lose auflegen. Es braucht nicht befestigt zu werden.

Danke!

Vor allem möchten wir unserem fantastischen Redakteur Roger Carlson danken, der uns mit außergewöhnlicher Ruhe und Geduld auf unserem Weg mit diesem Buch begleitet und bis ins Ziel gelotst hat. Du bist stets gewissenhaft, klug und zuverlässig. Wir lieben deinen Sinn für Humor, der immer für ein ungezwungenes und angenehmes Gesprächsklima sorgt. Denn wie heißt es doch so schön: Die Arbeit soll schließlich Spaß machen!

Als Nächstes danken wir Annas Bruder Patrik, der uns beim Bau der großen Projekte geholfen hat, beispielsweise bei der großen Terrasse auf Seite 52 und dem Zaun mit Pflanzspalieren auf Seite 72. Es ist immer wieder schön, mit dir zusammen zu sein und gemeinsam zu arbeiten!

Nicht zuletzt seien auch unsere Töchter Ida und Hilda genannt. Danke, dass ihr es ertragt, viel zu oft mit anhören zu müssen, wie ein Projekt nach dem anderen am Abendbrottisch Gestalt annimmt.

Anna und Anders

Titel der Originalausgabe: *Snickra Mera till trädgården*
Zuerst veröffentlicht 2012 in Schweden von Ica Bokförlag, www.icabokforlag.se
© 2012 Anna & Anders Jeppsson und Ica Bokförlag, Forma Books AB

Deutsche Erstausgabe

Copyright der deutschen Übersetzung © 2013 Verlagsgruppe Weltbild GmbH, Steinerne Furt, 86167 Augsburg

Übersetzung ins Deutsche: Dr. Kerstin Lehmann, Görlitz
Redaktion und Koordination der deutschen Ausgabe:
NEUMANN & NÜRNBERGER GmbH, Naunhof
Fotos: Anna Jeppsson
Zeichnungen: Anders Jeppsson
Gestaltung: Anna & Anders Jeppsson
Umschlaggestaltung: www.waldmann-weinold.de
Gesamtherstellung: Neografia, a.s. printing house, Martin
Printed in the EU
ISBN 978-3-8289-3981-3